Norbert Gierschner

Begegnung mit Korsika

VEB F. A. Brockhaus Verlag
Leipzig

Ergänzender Fotonachweis:
M. Hartung: Nr. 39, 60, 94, 114, 154
H. Moosleitner: Nr. 31, 48, 57, 59, 63, 95, 102, 104, 117, 138, 144
D. Steinbach: Nr. 142

Die Unterwasserfotos entstanden – von wenigen Ausnahmen abgesehen – in Tiefen zwischen 0,5 und 30 Meter: zum größten Teil vor Korsika und in dem schmalen Seegebiet zwischen Korsika und Sardinien, einige der Bilder wurden vor Ibiza aufgenommen.

Der Autor möchte den oben genannten Fotografen für das Überlassen von Bildmaterial danken, besonders aber allen Personen und Institutionen, die ihm bei der Vorbereitung und während der drei Reisen geholfen haben. Namentlich seien besonders erwähnt: H. und H. Falcke, H. Janauschek, A. Freidling (Fa. Poseidon), M. Morzuch, R. Rosentreter, P. Teichmann und P. A. Reiserer.

ISBN 3-325-00158-0

1. Auflage

Lizenz-Nr.: 455/150/3/88 · LSV 1309
Lektor: Ingrid Ritter
Kartenredaktion: Rüdiger Thomas
Kartenzeichnung: Gerhard Pippig
Buchgestaltung: Claus Ritter
Printed in the German Democratic Republic
Gesamtherstellung: Druckerei Fortschritt Erfurt
Redaktionsschluß: 28. 2. 1987
Bestell-Nr.: 586 156 8
02400

019fa9485676714ea0c5ecf5ca32cfc5

s747585 b1068911 c1914087

019fa9485676714ea0c5ecf5ca32cfc5

Kaltluft gleitet über die Gebirgshänge ins Rhônetal. Die mächtige Tieflandrinne sammelt und richtet die Luftmassen. Sie jagen hinab nach Süden und fegen auf das Mittelmeer. Le mistral, sagen die Franzosen und ziehen die Jacken enger um die Schultern. Über der See fächern sich die Luftströmungen und fließen zum Teil in die Straße von Bonifacio, eine an der schmalsten Stelle nur zehn Kilometer breite Passage zwischen Korsika und Sardinien. Die hohen Gebirge der Inseln gleichen Leitblechen. Die Enge wirkt wie eine Düse; sie beschleunigt die inzwischen abgefallene Windgeschwindigkeit. Und schon wirbelt der Mistral mit erneutem Ungestüm nun über die Inseln des Maddalena-Archipels und faucht gegen die Nordküste von Sardinien.

Düstere Wolkenballen schieben sich unablässig über den Himmel. Die See schimmert graugrün und trägt weiße Schaumkronen. Gischt sprüht über die Uferklippen der Isola Cavallo und durchfeuchtet meine Kleidung. Seit mehr als einer Stunde schaue ich sinnend in die Szenerie. Irgendwo da draußen muß jene zauberhafte Insel liegen. Kurz vor Sonnenuntergang reißen die Schleier über der Kimm. In den Flammen des gelbroten Abendlichtes zacken plötzlich dunkelviolette Konturen in unerwarteter Schärfe den Himmel: Korsika! Und mit einem Mal ist alles wieder Gegenwart . . .

Eines besonders schönen Tages erhalte ich die Genehmigung zu einer Reise via Bundesrepublik Deutschland und der Schweiz nach Frankreich, um Informationen und Bildmaterial für Publikationen zu sammeln, Tauchertechnik und Tauchfahrzeuge zu besichtigen und Unterwasserfotos aufzunehmen. Ich tauche und fotografiere seit mehr als 25 Jahren, und das Schreiben über Vorgänge im Reiche Neptuns ist mein Beruf.

Wieder einmal – wie fast jedes Jahr – demontiere ich den Beifahrersitz meines Trabant-Kombi und stopfe in alle möglichen Winkel: Taucherausrüstung, eine große Salami, drei Pentaconsix, Kfz-Ersatzteile, 70 Farbfilme, Reiseführer, Werkzeuge, Autokarten, Spaghettis, Flaschen mit Öl für Zweitaktmotoren, Pullover, Konservenbüchsen, einen Schlafsack und viele andere Dinge. Zu dem in Aussicht gestellten Termin – Anfang August – sind alle Vorbereitungen abgeschlossen. Lediglich der Paß und die Visa fehlen noch. Die folgenden Wochen lebe ich zwischen gepacktem Auto und Telefon. Die Salami wird routinemäßig alle drei Wochen ausgetauscht. Der erlösende Anruf kommt kurz vor dem vierten Salamiwechsel.

Ich verschließe das Haus und fahre sofort los. Inzwischen ist es Anfang Oktober geworden und damit Herbst. Die ursprünglich genau aufeinander abgestimmten Routen und Termine müssen umgestellt, das Mögliche vor Ort erkundet werden. Ich fahre durch die Bundesrepublik in Richtung Basel, verweile fast drei Tage in Zürich, besuche in Lausanne Dr. Piccard und reise über Genf nach Frankreich. Brav und zuverlässig knattert der Trabant durch die Rhône-Alpen und dann im Rhônetal hinab nach Süden. Der Regen bleibt in den Bergen zurück. In der Provence, hinter Avignon, ist es plötzlich wieder Sommer. Am Abend des 18. Oktober erreiche ich in Marseille den südlichen Rand Europas: das Mittelmeer.

Die Tauchbasen an der Côte d'Azur haben bereits geschlossen – Saisonende! Kommerzielle Tauchbasen sind kleine Privatunternehmen, die gegen eine Gebühr von 30 bis 50 DM je Tauchgang Druckluftflaschen, Boot und einen orts- und tauchkundigen Begleiter stellen. Deshalb entscheide ich mich, vor den anderen Arbeiten in Marseille, zunächst die südlichste und damit auch wärmste Provinz Frankreichs aufzusuchen: Korsika. Aus Tauchsportzeitschriften weiß ich von einer bis Mitte November geöffneten Basis in L'Île Rousse; auch besäße Korsika neben einer herrlichen Landschaft die schönsten Tauchgründe Frankreichs. Das nächste Schiff nach Korsika fährt am Montagabend. Zwei Tage verbringe ich ruhelos zwischen Marseille und Toulon. Es gelingt mir nirgendwo – außer an seichten Badestränden –, zu einem ersten Erkundungstauchgang ins Wasser zu gelangen. Jedes

Fleckchen Küste, das ich ansteuere, ist bebaut, eingezäunt, mit Verbotsschildern als Privatbesitz gekennzeichnet. Als böse Überraschung erweisen sich auch die horrenden Autobahngebühren. Und schließlich streßt ein höllischer Verkehr, besonders in Toulon und Marseille. Ich bin froh, als endlich die Fähre ablegt. Die Nacht verdöse ich mehr schlecht als recht in einem Liegesessel.

Aus dem Grün der Insel schimmern rötliche Dächer. Mein Herz klopft erwartungsvoll. Das vielterrassige Häusermeer Bastias schält sich aus dem blaugrauen Morgendunst. An Bord kommt Unruhe auf. Ich steige in die Wagenhalle hinab. Um halb acht klirrt die Fahrrampe auf den Kai. Zöllner, Hafenarbeiter, Flics und mehrere Zivilisten mit wachsamen Augen bilden ein Spalier. Auto um Auto rollt an Land, darunter auch mein IM 22–59. Es ist Dienstag, der 21. Oktober. Ich bin endlich auf Korsika!

Was weiß ich von dieser Insel? Korsika ist etwa 184 Kilometer lang und bis zu 84 Kilometer breit. Seine Küstenlinien messen ungefähr 1000 Kilometer. Die Insel besitzt eine Fläche von 8700 Quadratkilometern. Sie ist also so groß wie der Bezirk Halle. Im Halleschen leben im Durchschnitt 220, auf Korsika 26 und in den meisten Regionen der Insel sogar nur zwei Menschen auf einem Quadratkilometer. Korsika hat ungefähr 230 000 Einwohner, aber nur die Hälfte von ihnen sind gebürtige und korsisch sprechende Korsen, die anderen kommen aus Frankreich und aus dem Ausland. In den siebziger Jahren verließen – meist aus wirtschaftlichen Gründen – mindestens 50 000 Menschen die Insel.

Die Herkunft der Ureinwohner Korsikas verliert sich im Dunkel der Vorzeit. Viele Volksstämme landeten und hinterließen hier ihre Spuren: Iberer, Ligurer, Phönizier, Griechen, Etrusker, Syrakuser, Karthager ... Stets gelang es den Eroberern und Kolonisatoren nur, wenige Punkte an der Küste zu besetzen. Die Römer wollten die ganze Insel beherrschen. Sie kämpften 100 Jahre mit den Bergbewohnern. Im Jahre 162 v. u. Z. hatten sie die korsische Bevölkerung so weit dezimiert, daß Ruhe eintrat. Die Römer hinterließen ein bis heute erhaltenes Straßennetz. Sie gründeten die wichtigsten Städte, erschlossen die Thermalquellen, brachten der Insel das Christentum und die längste Friedensperiode: 600 Jahre. Im Laufe der darauffolgenden Jahrhunderte besetzten Vandalen, Goten, Langobarden, Byzantiner, Mauren und Araber die Insel. 200 Jahre lang stritten sich dann die Genuesen und Pisaner um Korsika. Genua siegte und erlangte 1284 die Alleinherrschaft. Viel Freude hatten auch die Genuesen nicht an ihrem Besitz. Korsika bot lediglich unsichere Siedlungsmöglichkeiten und Stützpunkte, aber zu holen waren nur Holz, Harz, Honig, Bienenwachs und – die Malaria.

Nun begann der Unabhängigkeitskampf, die Aufstände gegen genuesische Ritter, toskanische Grafen, Landadlige der verschiedenen Provinzen und gegen korsische Tyrannen. Hinzu kamen zahllose Familienkriege, die Raubzüge der in die Macchia Verbannten, die Vendetta (Blutrache): eine kaum unterbrochene Folge von Grausamkeiten, Tragödien und Morden. Es gäbe schon längst keine Korsen mehr, bestünde die Insel aus flachem Land. So aber flüchteten Bedrohte, Verfolgte, Geächtete in die Macchia, in die Wälder oder in die unwegsamen Berge. 1768 verkaufte Genua für zwei Millionen Francs Korsika an Frankreich. Die Franzosen landeten ihre Truppen. Seitdem gilt die Insel als französisches Departement. In Wirklichkeit ist sie aber stets nur eines gewesen: korsisch.

Meter um Meter laviere ich den Trabant – Stoßstange an Stoßstange – durch das morgendliche Verkehrschaos von Bastia. Doch bald liegt Korsikas größte Stadt hinter mir. Die Straße windet sich in die Berge, vorbei an kleinen Häuschen, Villen, verlassenen und verfallenen Gehöften; sie schlängelt sich durch Olivenhaine und hügeliges, zerklüftetes Land. Bizarre Felsketten ragen über den Horizont. Nur etwa vier Kilometer Luftlinie entfernt vom Hafen erhebt sich der 961 Meter hohe Pigno. Eukalyptus- und Feigenbäume, fremdartige Gehölze, riesige Kakteen und vor allem die Macchia bedecken die weiten Hänge.

Die Macchia, ein fast undurchdringlich ineinander verfitzter Buschwald von halber bis knapper Manneshöhe, bedeckt über die Hälfte aller Flächen Korsikas. Macchia besteht überwiegend aus Baumheide, Erdbeergesträuch, Zistrose, Mastixstrauch, Ginster, wildem Spargel, Rosmarin und Lavendel. Das eigentümlichste an der Macchia ist ihr starker aromatischer Geruch. Napoleon erinnerte sich heimwehgeplagt auf dem unwirtlichen Sankt Helena daran: »Alles war dort besser, sogar der Duft des Bodens. Am Wohlgeruch allein würde ich mit geschlossenen Augen Korsika erkennen.« Macchia – oder französisch Maquis geschrieben – bedeutet »Der Undurchdringliche«. Nach ihr benannte sich auch die französische Widerstandsbewegung.

Schon bald stoppe ich das Auto. Was für eine wunderschöne Landschaft! Der Atem der Macchia weht durch das weit geöffnete Fenster. Die über den Niederungen schwebenden Dunstschleier lösen sich auf. Das milde Licht des frühen Vormittags enthüllt eine Palette harmonischer Farben: das Gelb und Ocker herbstlichen Blattwerks, das Grün der Macchia, das Schwarz verbrannten Gesträuchs, das Weiß und Grau mancher Felsformation, den rötlichen Ton bestimmter Büsche, Blüten und Beeren und endlich das vielfältig abgestufte Blau des Meeres.

Thalatta, Thalatta! Das Meer, das Meer! Wie gut ich jetzt diesen Jubelruf verstehe. Ihn stießen nach Xenophons »Anabasis« die von einer Schlacht (bei Kunaxa 401 v.u.Z.) heimkehrenden Griechen aus, als sie endlich wieder die Gestade ihres heimatlichen Meeres erblickten. Heines Gedicht »Meergruß» aus den »Nordseebildern« verlieh jenem Freudenschrei eine solche Popularität, daß seine Verwendung als Zitat bald schon als abgegriffen galt. Aber unablässig gleich der verrinnenden Zeit ändert sich der Wert aller Dinge. Nur die Wellen furchen unbeirrbar jahraus, jahrein das Mittelmeer, an dessen Küsten viele hochentwickelte Kulturen seit Jahrtausenden zur Blüte gelangten und wieder zerfielen.

Der Name Mittelmeer bezeichnet eine geographische Lage: in der Mitte zwischen zwei Kontinenten. Ansonsten ist es Teil des Atlantischen Weltmeeres wie das Schwarze Meer, die Nordsee und die Ostsee. Viele Monate glüht die Sonne über dem gleißenden Wasser. Die Sommer sind heiß, die Winter mild; denn das Mittelmeer liegt im Bereich der Subtropen. Es fällt kaum Regen. Auch münden hier nur wenige der großen Flüsse. Strömte nicht ständig Atlantikwasser über die Gibraltarschwelle in das Mittelmeerbecken, sänke durch Verdunstung der Wasserspiegel jährlich um ein bis anderthalb Meter. Die große Verdunstungsrate und die geringe Süßwasserzufuhr erhöhen die Salzkonzentration. In den Ozeanen beträgt der durchschnittliche Salzgehalt 35 Promille, im Mittelmeer aber zwischen 36,4 in Gibraltarnähe und 39,2 an den östlichen Rändern. Der stärkere Salzgehalt vergrößert die Meerwasserdichte gegenüber dem gleichtemperierten Atlantikwasser. Deshalb fließt in der kalten Jahreszeit unter dem ins Mittelmeer eindringenden Ozeanwasser ein Tiefenstrom zurück in den Atlantik. So ist die Gibraltarschwelle gleichsam eine von salzigen Strömen durchpulste Nabelschnur; sie verbindet die mediterranen Seegebiete mit den Weltmeeren.

In Richtung Osten verliert das kalte Atlantikwasser immer mehr an Einfluß. Auch der Atem des Ozeans, das ewige tägliche Kommen und Gehen von Ebbe und Flut, schwindet bereits im westlichen Mittelmeer (es reicht von Gibraltar bis Sizilien) zur Bedeutungslosigkeit. Gegenüber 6 bis 12 Meter an englischen Küsten steigt und fällt hier das Wasser nur noch um 0,3 bis 0,6 Meter. Die Wassertemperatur erhöht sich dagegen in östlicher Richtung um einige Grad; im Hochsommer beträgt sie an der Oberfläche auf der Linie Monaco–Sardinien etwa 25 bis 27 Grad und sinkt im Februar ab auf 13 oder 12 Grad Celsius.

Die meisten Tiere des Mittelmeeres gehören zur Fauna des Atlantiks. Ungefähr 60 Prozent der beispielsweise vor Norwegen lebenden Arten besiedeln

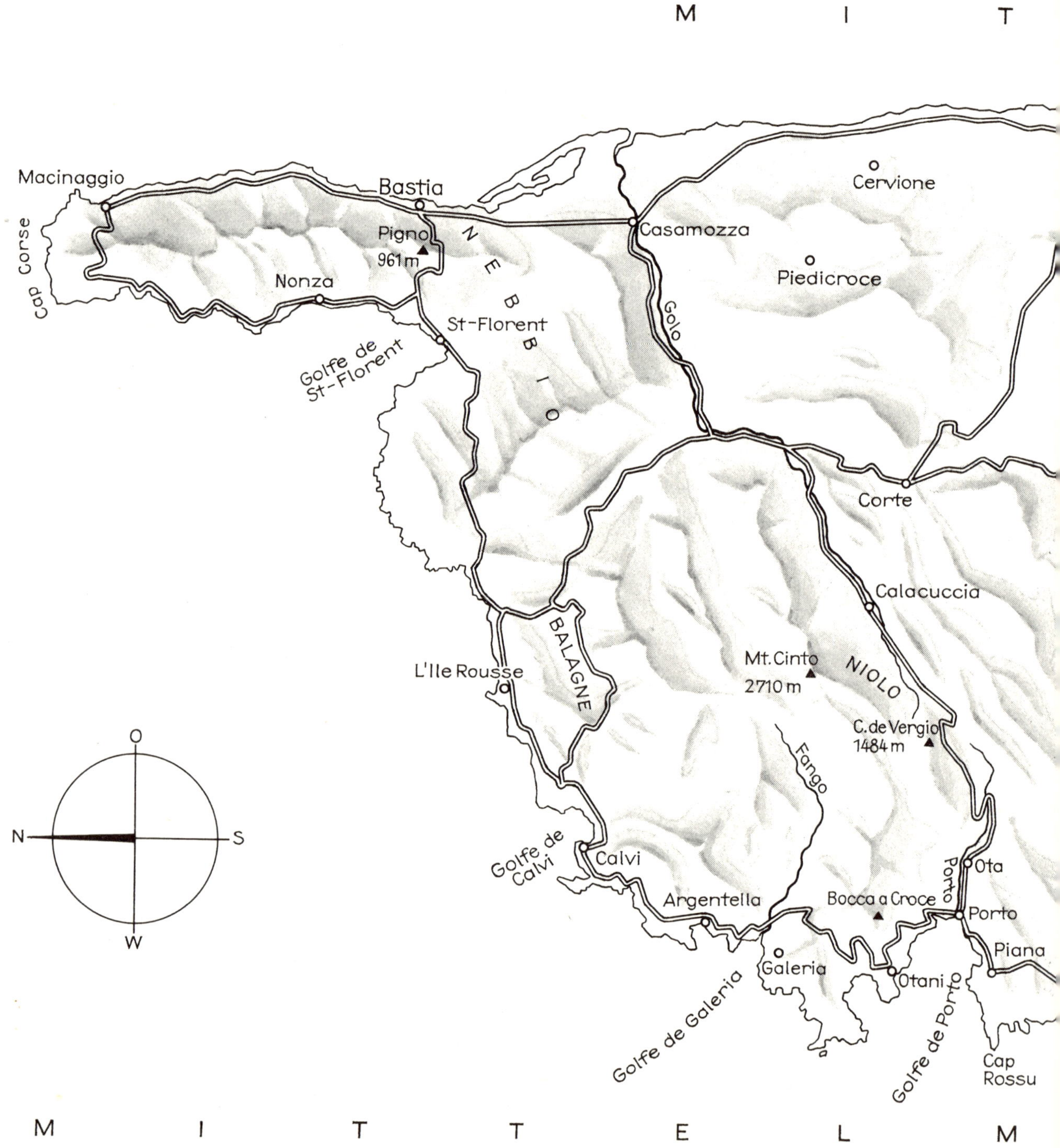

M I T
Macinaggio
Bastia
Cap Corse
Pigno
961 m
N E B B I O
Nonza
St-Florent
Golfe de St-Florent
Casamozza
Cervione
Piedicroce
Golo
Corte
Calacuccia
BALAGNE
L'Ile Rousse
Mt. Cinto
2710 m
NIOLO
C. de Vergio
1484 m
Fango
O
N
S
W
Golfe de Calvi
Calvi
Argentella
Bocca a Croce
Porto
Ota
Porto
Piana
Galeria
Otani
Golfe de Galeria
Golfe de Porto
Cap Rossu
M I T T E L M

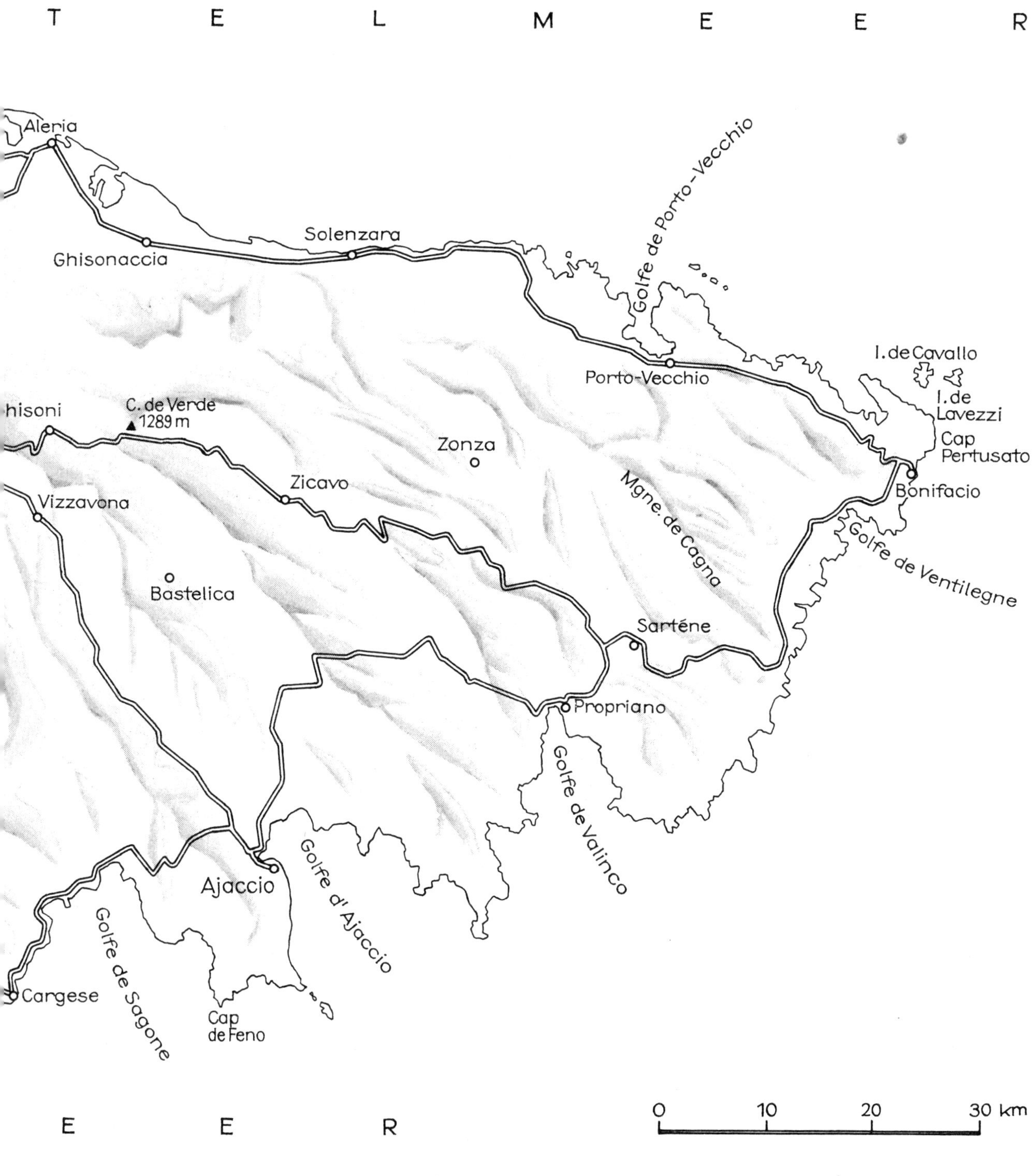
T E L M E E R
Aleria
Ghisonaccia
Solenzara
Golfe de Porto-Vecchio
Porto-Vecchio
I. de Cavallo
I. de Lavezzi
Cap Pertusato
Bonifacio
hisoni
C. de Verde 1289 m
Zonza
Zicavo
Vizzavona
Mgne. de Cagna
Golfe de Ventilegne
Bastelica
Sartène
Propriano
Golfe de Valinco
Golfe d'Ajaccio
Ajaccio
Golfe de Sagone
Cargese
Cap de Feno
E E R
0 10 20 30 km

auch das westliche Mittelmeer. Einige Tiere stammen aus tropischen Regionen, etwa der farbenprächtige Meerpfau. Andere übersiedelten durch den Suezkanal aus dem Roten Meer. Schließlich zeichnet sich das Mittelmeer durch eine reichhaltige endemische Fauna aus, also nur hier lebende Tierarten. Endemisch sind viele Schleimfische und ein Viertel aller Stachelhäuter.

Ich fahre weiter bergan zum 536 Meter hohen Paß Col de Teghime. An der Gedenkstätte für korsische Patrioten des zweiten Weltkrieges halte ich. Von hier aus bereiteten die korsischen Partisanen den faschistischen Truppen 1944 die entscheidende Niederlage auf korsischem Boden. Tagelang feuerte die Artillerie hinab in den deutschen Brückenkopf, auf die sich in Bastia einschiffenden fliehenden Soldaten. Mahnend richtet noch heute ein Geschütz den kalten stählernen Lauf auf die im Morgendunst verschwimmenden zarten Küstenlinien.

Die Straße windet sich in Schleifen nun wieder hinab an das Meer, an den lieblichen Golfe de Saint-Florent. An seiner Küste liegt der Badeort gleichen Namens, dessen Cathédrale de Nebbio (aus dem 13. Jh.) eine dreischiffige Basilika ist. Die Kathedrale gilt als eines der schönsten sakralen Bauwerke Korsikas. Die Nebbio ist eine fruchtbare Talbeckenlandschaft um Saint-Florent. Einst nannten sich die ortsansässigen Bischöfe Grafen de Nebbio; und beim Zelebrieren der Messen sollen neben den Altären stets geladene Pistolen gelegen haben.

Um elf Uhr erreiche ich L'Île Rousse. Diesen Ort zeichnet ein an der Westküste Korsikas ganz seltener Vorzug aus: ein feiner Sandstrand. Dadurch entwikkelte sich L'Île Rousse – in Verbindung mit seinem schönen Hinterland – zu einem beliebten Fremdenverkehrsort. Jetzt aber ist der Strand menschenleer. Ein scharfer kalter Wind fegt Sand durch die engen Gassen. Ich finde weder die gesuchte Tauchbasis noch einen Menschen, der sie kennt. Alle Leute, die ich mit Unterstützung eines Zettelchens befrage, sind zwar sehr bemüht, haben aber keine Ahnung. Ein Korse spricht deutsch. Wir geraten ins Erzählen. Eine Einladung folgt, und schließlich entrinne ich nur mit Mühe einem mächtigen Gelage . . .

Die Straße zwischen L'Île Rousse und Calvi ist neu und breit. Gleich hinter dem Ortseingang steht das stattliche zweistöckige Gebäude des französischen Tauchsportklubs GETS. Was mag das Logis hier kosten? Finanziell ist für mich eigentlich nur Camping möglich. Noch ehe ich es recht bedacht und einen Parkplatz gesehen habe, ist die Stadt schon durchquert. Das nächste mögliche Ziel wäre Argentella, Camp Morsetta. Da stehen auch schon am Straßenrand schultafelgroße Aufsteller mit diesem Namen. Je ein stilisierter Taucher und Surfer werben für mögliche Lustbarkeiten. Also dorthin. Ich bin wieder guter Laune und durchfahre mit 20 km/h zahllose Kurven.

Als ich auf den Zeltplatz einbiege, steht die Sonne nur noch eine Handbreit über dem Meer. Die Rezeption und die Bar sind geschlossen. Irgendwo maunzt kläglich eine Katze. Der Waschraum ist offen. Zugluft raunt im Gebälk der dämmerigen Halle. Türen klappen. Eine Brause läuft. Ich denke an einen gewissen Hitchcockfilm und lenke den Wagen hinab an das Meer in offenes, übersichtliches Terrain. Platz ist ja genug. Das Camp ist absolut leer.

Die aufkommende Enttäuschung wird mit einem üppigen Abendessen bekämpft. Für die Hygiene genügt heute ein Notprogramm. Dann klappe ich die hintere Sitzbank nach vorn und rolle auf der so entstandenen Ladefläche Luftmatratze und Schlafsack aus. Um 19 Uhr herrscht tiefste Nacht. Der Wind frischt auf. Kälte kriecht von den Bergen herab. Ich schlüpfe unter die Decken und finde schwer Schlaf. Um Mitternacht stöbern drei Hunde um das Auto herum und entleeren dann eine Mülltonne.

Der Morgen dämmert. Gemächlich klimmt die Sonne hinter den Bergketten empor. Eine Zinne glänzt mit einer Aureole auf. Die Pracht ist nur von kurzer Dauer. Schon steigt die Sonne weiter. Ihr Licht fließt hellgelb die Hänge herab und erreicht endlich auch mich. Ein kaltes Bad? Frühsport? Ich setze den

Benzinkocher in Betrieb. Wieder einmal entscheide ich mich für Kaffee, um schnell munter zu werden.

Anderthalb Stunden später wate ich zum ersten Tauchgang durch das feinkörnige Geröll hinab an das Wasser. Meine Fußspuren haben groteske Dimensionen. Mutmaßungen, dies stehe in gewissem Zusammenhang mit einem deftigen Frühstück, sind leicht zu widerlegen. Die Schuhgröße 48 stammt von den Stiefeln des Taucheranzugs. Von der augenblicklichen Gesamtmasse mit 110 Kilogramm sind nur 58 Kilogramm Körpergewicht, der Rest ist Taucherausrüstung. Ich quetsche die Stiefel in die Schwimmflossen und stelze rückwärts ins Wasser. Schon nach wenigen Schritten schwappt es um meine Taille. Ich stecke den Kopf unter die Oberfläche – gespannt auf all die Wunder warmer Meere. Ich wundere mich gründlich.

Das Wasser schimmert blaugrün und ist sehr klar. Die Sichtweite beträgt mindestens 15 Meter, vielleicht mehr. Zu sehen ist aber fast nichts! Ein kiesiger Ufersaum, Seeigel und eine sich im Ungewissen der Ferne auflösende Posidoniawiese, sogenanntes Neptungras. Ich bin maßlos enttäuscht!

Ich tauche bis zum Hals unter, hebe beide Arme knapp aus dem Wasser und öffne eine Handgelenkmanschette. Rauschend entweicht Luft aus dem Taucheranzug. Aber immer noch ist mein Auftrieb für einen eleganten Abschwung zu groß. Ich plantsche wie ein Anfänger und bin froh, keinen sachkundigen Zeugen am Ufer zu wissen. Nur die drei Hunde stehen mit schwer deutbaren Mienen am Strand.

In drei Meter Tiefe schwindet die Hektik. Der Wasserdruck hat durch Kompression der eingeschlossenen Luft und des Anzugmaterials meinen Auftrieb vermindert. Beruhigend leicht kommt Luft aus dem Atemregler. An meiner Hüfte baumelt ein mit dem Hochdruckschlauch ans Tauchergerät gekoppeltes Manometer zur Flaschendruckkontrolle. Über ein am Taucheranzug montiertes Ventil und einen zur ersten Stufe des Atemreglers führenden Niederdruckschlauch läßt sich der Taucheranzug aufblasen wie ein Luftballon. Ein zweites Brustventil dient zur Anzugentlüftung. So kann ich leicht meinen Auftrieb den Erfordernissen anpassen. Deshalb heißt das von einer schwedischen Firma entwickelte Anzugsystem Unisuit eigentlich exakt: Variabel-Volumen-Taucheranzug. Gewöhnlich bezeichnet man ihn aber – und das ist keine Ironie – als Trockentaucheranzug.

Die erste Begegnung mit der Fauna des Mittelmeeres ist an den Küsten mit hartem Untergrund oft von bestechender Eindringlichkeit – im wahrsten Sinne des Wortes. Schon stecken in irgendeinem Körperteil Seeigelstacheln. Bereits in der Nähe des Ufersaumes sehe ich Dutzende von Steinseeigeln. Sie leben oft dichtgedrängt in Wassertiefen ab einem halben Meter und bilden so einen gefährlichen Sperrgürtel, als gelte es, das Meer gegen die Invasion der Zweibeiner zu schützen. Kommt man den Steinseeigeln zu nahe, werden blitzartig die sonst beweglichen Stacheln fixiert. Sie dringen in die Haut ein und brechen ab. Nur mit Geduld, Nadel und Pinzette lassen sie sich wieder aus der Haut entfernen. In Gesellschaft der Steinseeigel leben die ähnlichen, aber weniger häufigen Schwarzen Seeigel. Sie haben längere Stacheln und sind nie bräunlich, sondern immer tief blauschwarz gefärbt. Ich drehe mit dem Messer einen Seeigel um. Es ist ein schwarzer; das weichhäutige Mundfeld nimmt – im Gegensatz zu dem wesentlich kleineren des Steinseeigels – die Hälfte der Körperunterseite ein.

Flossenbewehrt, taucheranzuggepanzert und schwimmend habe ich schadlos die »Stachelverhaue« überwunden. Nun, in drei Meter Tiefe, sehe ich noch eine andere Seeigelart, eine violette Kugel von Tennisballgröße: den Violetten Seeigel. Seine kurzen, dichtstehenden Stacheln sind abgestumpft und zum Ende hin weiß. Ich kann ihn gefahrlos in die Hand nehmen und seine Unterseite mit dem Kieferapparat betrachten. Seeigel sind meist Pflanzenfresser; sie weiden Algen von den Untergründen oder graben organische Bestandteile aus dem Schlick oder Sand. Seeigel sind stets getrenntgeschlechtlich; sie geben

Eier und Spermien ins freie Wasser ab. Die mikroskopisch kleinen Larven verwandeln sich nach vier bis sechs Wochen in einen Millimeter große Seeigel. Die allen Stachelhäutern eigenen Kalkplättchen der Haut wachsen bei den Seeigeln zu einer festen Schale zusammen. Ich fand später noch oft die wie ziseliert anmutenden, leicht zerbrechlichen Körperhüllen. Neben diesen radiär-symmetrischen Seeigeln (Regularia) gibt es die länglichen, bilateral-symmetrischen Irregularia. Bei ihnen sind die Stacheln auf pelzige Fasern reduziert. Die Afteröffnung liegt nicht entgegengesetzt der Mundöffnung (also auf der Oberseite) wie bei den Regularia, sondern auf der Mundseite. Die Irregularia, etwa der zwölf Zentimeter lange Violette Herzigel oder der fünf Zentimeter lange Kleine Herzigel, leben meist im Sand vergraben. Deshalb fallen nur die hartstachligen Seeigel auf.

Jetzt habe ich – beim Aufstützen am Grund – doch einen Steinseeigel übersehen. Der Stachel läßt sich glücklicherweise mit dem Fingernagel gleich herausschaben. Ich fotografiere die Seeigel. Manche von ihnen halten mit ihren Saugfüßen allerlei Pflanzenteile auf der Körperoberseite fest, vielleicht zur Tarnung, vielleicht als Schutz gegen zu starken Lichteinfall. Gelegentlich trägt ein Seeigel aus dem Abfall am Meeresboden auch einen Kronenkorken, den Ringöffner einer Bierbüchse oder hüllt sich in Grillfolie.

Als ich nach mehreren Aufnahmen wieder einmal in die Elektronenblitz-Frontscheibe schaue, um das Aufleuchten der Bereitschaftsanzeige zu beobachten, sehe ich sofort, daß sie kaum noch lange anzeigen dürfte. Das Gerät ist zwar ein Unterwasserblitzer, doch Wasser sollte sich eigentlich nur außerhalb des Gehäuses befinden.

Also zurück ans Ufer. Das Blitzgerät ist schnell demontiert. Ein bißchen Seewasser rinnt aus dem Gehäuse. Ich spüle mit Trinkwasser die elektronischen Bauelemente und puste größere Tropfen ab. Nötig wäre nun ein elektrischer Haartrockner, den havariegeplagte Unterwasserfotografen im Handgepäck haben sollten. Eine Havarie zu haben ist ja kein Problem, aber einen Fön? Ich lege das Gerät zum Trocknen auf das Autodach.

Mit dem Reserveblitz und einem zusätzlichen Kilogramm Blei stapfe ich zurück ins Wasser. Die Seeigel sind nun fast schon alte Bekannte. Der Grund wird steiniger. Ein »Braunalgenrasen«, durchsetzt mit Trichteralgen, überzieht manche Blöcke und Flächen. Die erste Wachsrose kommt in Sicht. Sie ist sicher das auffälligste Tier des Flachwassers an mediterranen Felsküsten. Sanft schwingen im Rhythmus der Wellen violett abgesetzte Tentakel. Die Wachsrose ist mit einem Durchmesser bis zu 12 Zentimeter und maximal 200 bis zu 20 Zentimeter langen Armen die größte und häufigste Seeanemone des Mittelmeeres. Entgegen den Angaben der Bestimmungsliteratur sah ich später zwischen Korsika und Sardinien öfter noch viel größere Exemplare. Einmal schienen gar halbmeterlange Tentakel wie gelbliches strähniges Wachs einen Fels herabzurinnen. Im Körper und an den klebrigen Armen der Wachsrose befinden sich unzählige Nesselkapseln. Bei Berührung explodieren die Kapseln und schleudern einen mikroskopisch kleinen Injektionsapparat heraus. Das giftige Sekret lähmt oder tötet die Beute. Sie wird dann mit den Armen in die Mundöffnung gestopft und in einem einfachen Magen verdaut. Vorsichtshalber meide ich die Berührung mit der Wachsrose. An der Hand ist zwar die Haut zu dick, als daß Nesselkapseln sie durchschlagen könnten. Doch sicher ist sicher! Ich fotografiere einen Wachsrosenausschnitt. Für den eingebauten 30-mm-Zwischenring ist das Motiv zu groß. Eine Streifengrundel – für die wäre meine Kameraeinstellung richtig – sehe ich leider nicht. Die Streifengrundel lebt gerne in der Nähe von Wachsrosen. Bei Gefahr kann sie sich unbeschadet zwischen oder unter die ihre Feinde abschreckenden Tentakel flüchten. Der Schutzstoff in ihrer Schleimhaut bewahrt die Streifengrundel aber nur vor den Nesselgiften der Wachsrose. Anderen im Mittelmeer lebenden Seeanemonen wie der Siebanemone, der Goldrose oder dem Seemannsliebchen fällt auch sie zum Opfer. Vor Ibiza – die Insel liegt etwa

800 Kilometer südwestlich von Korsika – beobachtete ich später eine ganz andere Situation. Da drängelten sich förmlich die Streifengrundeln unter den hier selteneren Wachsrosen.

Nur langsam wird der Film voll. Zuletzt fotografiere ich aus Mangel an anderen größeren Motiven Stillleben mit Algen und Schwämmen. Ich schwimme unzufrieden heimwärts. Tauchzeit 46 Minuten. Maximale Tiefe sieben Meter. In jedem Trockentaucheranzugbein schwappt ein Liter Mittelmeer.

Am Abend wird es empfindlich kühl. Ich ziehe mich in das Wohnabteil des Wagens zurück, also auf den Rücksitz. Dazu: Notizbuch, Grog mit Rum aus Rostock und eine um Hüften und Beine geschlungene Decke. Nachdenklich blase ich in die dampfende Tasse. Hatte ich im Unterbewußtsein – beeinflußt von Bildberichten mit wunderschönen Drucken – die Farbpalette und Artenvielfalt tropischer Meere erwartet?

In der Nacht ist ein warmer ablandiger Wind aufgekommen. Der Morgenhimmel verspricht leidliches Wetter. Ich wandere zum Ausgang der Bucht. Von dem berühmten Fotografen Erich Salomo wird erzählt, daß er sich sogar die Kamera umhängte, wenn er im Hotel nur über den Flur zur Toilette ging. Salomo fürchtete, unwiederholbare Aufnahmesituationen zu verpassen. Ihn nehme ich mir zum Vorbild und bewaffne mich auch auf kleinen Spaziergängen mit der Kamera, einer Pentaconsix mit Normalobjektiv. Sie befindet sich in einer brotbeutelähnlichen Schultertasche einschließlich 180-mm-Sonnar, Skylightfilter, Sonnenblende, 30-mm-Zwischenring, Belichtungsmesser, Staubpinsel, einem kleinen Blitzgerät, Vorsatzlinse, Reservefilmen, Notizbuch und Kugelschreiber. So habe ich die wichtigsten Utensilien beieinander, ohne durch vor der Brust pendelnde Apparate oder einen Zubehörkoffer behindert zu sein.

Am Ende der Bucht schaue ich zurück: vor mir tiefblaues Wasser, rechts eine wildbewachsene Uferbefestigung. Drei bis vier Meter tiefer verebben glucksend kleine Wellen. Links das offene Meer. Dort, wo die See am weitesten landeinwärts schwingt, am Ufer zart gelb getünchte Gebäude, umstanden von schönen alten Bäumen. Ein im Morgenlicht rostroter Strand. Dahinter steilansteigende grüne macchiabedeckte Hügel. Im Hintergrund zerfurchen graue Felskämme den Himmel. Ich öffne den Brotbeutel . . .

Heute steht nur Tauchen auf dem Tagesplan. Um Druckluft zu sparen – ich besitze lediglich ein Zweiflaschengerät, aber keinen Kompressor –, als erstes eine Schnorcheltour: Seeigel, Wachsrosen, Seewalzen, verschiedene kleine Fische – alles keine Beute für meine weitwinkelbestückte Kamera. Ich mache lustlos einige Übersichtsaufnahmen. Unterwasserlandschaften ohne lebende Objekte wie Menschen oder auffällige Tiere wirken meist langweilig, jedenfalls ist das meine Erfahrung. Weiter seewärts, Tiefe drei Meter. Das Wasser erscheint glasklar. Ich sehe jedes Detail am Grund. Ich zucke zusammen. Zwei gelbe Augen – man könnte meinen Katzenaugen – beobachten mich aufmerksam. Unter einem Stein lugt ein Krake mit einem sicher nur handgroßen Körper hervor. Ein Winzling zwar, aber immerhin: mein erster Tintenfisch!

Die Tintenfische sind keine Fische, sondern Weichtiere, Mollusken, wie auch die Muscheln. Die beiden für Muscheln typischen Schalen verkümmerten freilich bis auf zwei stabförmige Reste. Der Gewöhnliche Krake, kurz Oktopus genannt, ist der häufigste Mittelmeer-Tintenfisch, wenigstens in ufernahen Arealen. Er bevorzugt schlupfwinkelreiche Felsregionen und Höhlen, nimmt aber auch mit Seegrasfeldern und steinigem Sandgrund vorlieb. Er gilt als intelligent und baut sich bei fehlenden Versteckmöglichkeiten selbst Höhlen und Burgen. Eingänge werden mit Steinen verbarrikadiert. Der Krake ist ein Einzelgänger. Muscheln und Krebstiere stehen an vorderster Stelle auf seinem Speiseplan. Seine größten Feinde sind Meeraale, Muränen und Menschen. Bei Gefahr stößt er eine Tintenwolke aus, um die Aufmerksamkeit des Angreifers abzulenken; sie beeinträchtigt vielleicht auch den Geruchssinn seiner Feinde. Viele einheimische Fischer halten Kraken für eine Delikatesse. Ich mußte einmal kosten und fand, so ein Stück Arm ähnelt im Geschmack und in der Konsistenz etwa paniertem Radiergummi.

Der kleine Krake äugt zu mir herauf. Ich linse zum Kraken hinab. Wir belauern einander eine Weile. Tintenfische können durch Ausdehnung oder Zusammenziehung in der Haut befindlicher Farbzellen binnen Sekunden ihre Färbung ändern. Dieser hier trägt momentan den Safarilook. Schließlich hole ich tief Luft und platsche in die Tiefe. Das Schnorcheln mit dem Unisuit, mit allen Trockentaucheranzügen, ist recht mühsam, aber möglich. Man muß lediglich die Halsmanschette andersherum krempeln als üblich und sollte nur bis zu einer Tiefe von drei Metern tauchen. Als ich unten lande, ist der Krake weg. Ich suche noch eine Weile das Gelände ab. Vergeblich.

Später dann, zwischen Korsika und Sardinien, sollte ich noch oft diesen bemerkenswerten Tieren begegnen. Es erfordert ein wenig Geduld, sie aus ihren Höhlen zu locken. Kraken sind viel zu ängstlich, um sich die vom Eingang weggeräumten Steine wieder zurückzuholen, und zu neugierig, nicht beispielsweise ein in knapper Reichweite ihrer Arme abgelegtes Tauchermesser untersuchen zu wollen. Vielleicht ist das blinkende Ding brauchbar? Unruhig ruckt der ganze Körper auf und ab wie ein zappeliges Kind auf der Schulbank, wenn es etwas weiß. In rascher Folge wechselt seine Färbung. Ein Arm schiebt sich tastend aus dem Loch. Ein zweiter folgt, der Kopf . . . Ich wage kaum zu atmen. Bloß jetzt keine hastige Bewegung! Sie ließe sich leicht als Angriff werten und könnte das Tier erschrecken. Zögernd verläßt der Krake nun die Behausung. Vorsichtshalber bleiben so lange wie möglich immer noch einige Arme in der Höhle.

Aber nicht nur vor ihren Schlupflöchern konnte ich Kraken beobachten und fotografieren. Ich sah sie Felswände entlang hangeln, wobei der Körper die Algenfarbe annahm und auf der Haut algenähnliche Auswüchse emporquollen. Ein anderes Tier legte flüchtend die Arme parallel nebeneinander wie eine horizontale Heckflosse, während sich sämtliche Armspitzen säuberlich einrollten. Gewöhnlich ziehen schwimmend flüchtende Kraken die Arme nur wie ein Bündel Tauenden hinterher. Den Vortrieb erzeugen sie nach dem Rückstoßprinzip durch kräftiges Zusammenpressen der Mantelhöhle. Das so beschleunigte Wasser entweicht über ein bewegliches und nun nach hinten gerichtetes Atemrohr, den sogenannten Trichter. Meist aber hangeln sich Kraken auf ihren Armen über den Meeresgrund.

Doch zurück nach Argentella. Ich finde den Tintenfisch nicht mehr und fotografiere dafür Schwämme, Algen und Moostierchenkolonien. Nach einer knappen Stunde lege ich eine Pause ein und bleibe gleich im Anzug. Schnell ein Stück trockenes Brot gegessen. Film- und Objektivwechsel. Etwa 30 Minuten später buckele ich wieder das Tauchergerät.

Die Fauna scheint mir fast schon vertraut: Seeigel, Grundeln, Schleimfische, Wachsrosen. Und überall die runzligen 20 bis 30 Zentimeter langen Seewalzen. Manche schimmern schwarz; die meisten aber sind braun oder durch am Körper haftende Partikel des Grundes grau und fleckig wie Schimmel. Die Seewalzen oder Seegurken gehören zum Stamm der Stachelhäuter. Ihre Artgenossen, die Seeigel, besitzen ein kalkiges Außenskelett. Den Seewalzen bleiben lediglich Kalkkörperchen auf der weichen Haut. In manchen exotischen Abenteuerromanen ist von Trepang die Rede, ein Nahrungsmittel, von dessen Verkauf ganze Dörfer lebten. Trepang ist nichts anderes als der in Streifen geschnittene und getrocknete Körper bestimmter Seewalzen.

In den Wasserlungen und Leibeshöhlen von Seewalzen der Gattung Holothuria und Stichopus hausen manchmal Nadelfische. Die bis zu 20 Zentimeter langen Tiere sind echte Parasiten und fressen die Innereien der Seewalzen. Wird die Duldsamkeit oder Regenerationsfähigkeit durch zu viele Plagegeister überschritten, schleudert die Seewalze ihre Eingeweide samt Nadelfischen heraus und beginnt, sich ein neues Innenleben aufzubauen. Aufgeregt sausen die

Nadelfische durch das Wasser zu einer anderen Seewalze. Durch Abtasten und an dem Atemwasserstrom finden sie die Afteröffnung heraus und schlüpfen wieder in ein Wirtstier. Die Jungen der Nadelfische benötigen zu ihrer Entwicklung die Geschlechtszellen der Seewalzen als hochwertiges Kraftfutter. Die Seewalzen sind genügsamer. Sie kriechen schneckenlangsam über die Gründe und schaufeln mit einem die Mundöffnung säumenden Tentakelkranz organische Nahrungspartikel enthaltenden Sand und Schlamm in sich hinein. Aber die scheinbare Bewegungslosigkeit erleichtert das Fotografieren kaum – denn wie arrangiert man ein schönes Bild mit einem »schimmeligen Würstchen«?

Zuletzt schwimme ich entlang den für einen Nachteinstieg geplanten Kurs. Landmarken und Unterwasserkompaß sind die wichtigsten Orientierungshilfen. Ich präge mir die ungefähre Topographie ein. Es beruhigt, nachts auch nicht noch mit unbekannten Hindernissen, Fischernetzen, Strömungen, plötzlichen Abgründen und anderen, gewöhnlich nur eingebildeten Gefahren rechnen zu müssen. Als ich mir endlich den Taucheranzug vom Leib zerre, ist es später Nachmittag. Ich war fast drei Stunden im Wasser. Mein Magen ist leer und knurrt unüberhörbar.

Ein nächtlicher Einstieg hat mindestens drei Vorteile: Der Taucher sieht eventuell tagsüber verborgen lebende Arten, andere Tiere schlafen oder ruhen und sind eher zu überraschen. Und schließlich verharren manche Fische wie erstarrt im Scheinwerferlicht und lassen sich so leichter fotografieren.

Um halb acht Uhr bin ich erneut ausgerüstet und stiefele mit angenehmsten Erwartungen in die See. Wenigstens nachts sollten doch einige ungewöhnliche Schnappschüsse möglich sein! Der Schein meiner wasserdichten Taschenlampe irrlichtert über den spärlich bewachsenen Grund. Außer den obligatorischen Seeigeln und Seewalzen ist weit und breit kein Tier in Sicht. Ich schwimme in Richtung des südlichen Felsufers der Bucht. Die ersten Steinblöcke recken ihre fahlen Gesichter aus dem Dunkel. Der Zeiger des Tiefenmessers nähert sich der 3-Meter-Marke.

Ich taste mit dem Lichtkegel systematisch die voraus liegenden Regionen ab. Zwei smaragdgrüne Punkte leuchten auf: die Augen einer großen Grundel. Ich richte den Schein auf den am Fuße eines Steinblocks liegenden Fisch. Grundeln besitzen zwei deutlich getrennte Rückenflossen. Sie sind auch an der typisch keulenförmigen Gestalt leicht zu erkennen, jedoch oft schwer genauer zu bestimmen. Im Mittelmeer leben etwa 25 Arten. Viele Grundeln sind recht bequeme Gesellen. Meist liegen sie träge am Grund herum. Nur wenn man ihnen zu nahe rückt, raffen sich die Tiere zu einem blitzschnellen Satz von allenfalls einem Meter Weite auf. Faultiere könnten von ihnen noch lernen ... Die größte Grundel des Mittelmeeres ist mit maximal 28 Zentimeter Länge die Große Meergrundel.

Eigentlich müßten hier auch Schleimfische zu finden sein. Ich sah sie bei Tageslicht oft genug. Im Flachwasser mediterraner Felsküsten – ebenso im Schwarzen Meer und im mittleren Ostatlantik – gibt es ohnehin nur wenige Areale, in denen sich die neugierigen Tiere nicht tummeln. Alfred Brehm bezeichnete sie einst als »Gassenjungen des Meeres«. Ich lasse den gelblichen Lampenschein über den Steinblock wandern, dann über den nächsten. Liegen die Schleimfische in ihren Verstecken und schlafen? Halt! Da war doch etwas. Tatsächlich: Aus einem Spalt im Steinblock äugt – der besseren Übersicht halber auf die Brustflossen gestützt – einer der possierlichen Schleimfische. Ihr Name bezieht sich auf ein wichtiges Merkmal dieser Tierfamilie, der Blenniidae: die den schuppenlosen Körper bedeckende dicke Schleimschicht. Die Mittelmeerfauna umfaßt etwa 20 überwiegend finger- bis handlange Arten. Die meisten Schleimfische tragen auf der Stirn ein Paar ausgefaserter Hautläppchen (Tentakel). Die fehlende Schwimmblase erschwert ihnen den Aufenthalt im freien Wasser. Schleimfische leben gewöhnlich in Schlupfwinkeln oder deren Nähe – und seien es leere

Büchsen oder Flaschen. Der »Blenni« hier ist aber zu klein für mein Objektiv, als daß sich eine Aufnahme lohnte. Weiter also.

Fünf Meter Tiefe. Ich schwenke fleißig die Lampe. Von Zeit zu Zeit beunruhigt mich das Spiel der dem Licht hinterherhuschenden Schatten: unstete Bewegungen, deren Konturlosigkeit wie immer genug Raum für eine Vielzahl von Mißdeutungen gewährt. Ein roter Fleck leuchtet auf wie ein Stopplicht. Ich schwimme näher. Das strahlende Gebilde erweist sich als eine Purpurseescheide, neben der Glaskeulenseescheide sicher die schönste Ascidie im Mittelmeer. In der Anatomie der Seescheiden (Ascidiacea) finden sich Anklänge an die Entwicklung der Wirbeltiere. Ihre frei schwimmenden Larven besitzen ein Neuralrohr und eine Chorda. Die Chorda ist ein Stützstab, um den herum sich bei den höheren Wirbeltieren die Wirbelsäule ausbildete. Ihre Reste sind bei den Wirbeltieren als Zwischenwirbelscheiben noch erkennbar. Während der Umwandlung der Ascidienlarven zu den seßhaften Alttieren geht die Chorda freilich wieder verloren.

Ehe ich weiter in die nächtliche See hinausschwimme, lasse ich – in unbequemster Verrenkung, um die Purpurseescheide recht ins Bild zu setzen – den Blitz zweimal aufleuchten. Dann finde ich wieder über weite Strecken kein größeres Lebewesen. Dagegen erscheint ja die heimatliche Ostsee wie ein Zoo! Endlich ein junger Lippfisch – ich knipse ihn auf der Wiese eines mit Trichteralgen und Cystoseira (in den obersten Wasserschichten häufige, lichtbedürftige Braunalgen) bewachsenen Hanges.

Ich schalte das Licht aus. Über mir schimmert bleigrau und gebuckelt die Oberfläche, an der das verzerrte Oval des Mondes schwimmt. Ringsum sehe ich etwa soviel wie nachts im Tannenwald: Es ist nicht völlig dunkel; dennoch sind nur wenige Details erkennbar. Aber man spürt fast physisch Konturen und hört den Atem der Bäume. Auch das Meer zischelt, wispert und knackt geheimnisvoll. Mißtrauisch versuche ich die Finsternis zu durchdringen. Was an optischer Wahrnehmungsfähigkeit verlorengeht, ersetzt rasch die Phantasie mit allerlei Chimären. Mein Kopf pendelt wie ein Abtast-Radar. Fürchte ich aus dem Dunkel herangleitende Untiere? Nonsens! Aber ist es das wirklich? Beklemmend wird mir plötzlich bewußt, daß ich in einer menschenverlassenen Bucht ganz allein am Grund des Mittelmeeres hocke. Bloß wieder Licht. Der Schalter knackt. Ich lasse die Lampe kreisen und brummle überrascht in das Mundstück. Das ist doch nicht möglich!

Der Lichtstrahl erfaßt ein stachliges und überall mit kleinen Warzen bedecktes Tier von enormen Ausmaßen. Ich traue meinen Augen kaum. Ein grün-braun gefärbter Eisseestern von mindestens einem halben Meter Durchmesser! Mit den Zwischenringen erhalte ich jedoch nur einen Ausschnitt von dem größten der europäischen Seesterne. Egal. Wer weiß, ob es noch etwas anderes zu fotografieren gibt; und mit dem angefangenen Film möchte ich nicht noch einmal ins Wasser. Ich belichte Bild um Bild, während das Tier dem Lampenstrahl zu entkommen sucht.

Kurz nach 21 Uhr sitze ich wieder im Auto. Kamera und Taucherausrüstung sind verstaut. Es herrscht eine Temperatur von etwa 15 Grad Celsius. Angenehm, sich nicht gleich in eine Decke wickeln zu müssen. Die milde Luft, sanft rauschendes Wasser und das stille Mondlicht verleiten zum Sinnen. Ich schlürfe bedächtig meinen Schlummergrog und denke an den letzten Tauchgang. In den 30 Minuten sah ich nur sehr wenige Tiere. Eine Folge der Meeresverschmutzung?

Immerhin hat im letzten Jahrzehnt – ebenso wie Nordsee und Ostsee – besonders das Mittelmeer als »Müllgrube Europas« herhalten müssen. Alle Anrainer versenken ausnahmslos feste und flüssige Abfallstoffe ins Meer – eine besonders billige Form der Beseitigung. Die Mengen differieren freilich je nach wirtschaftlichem und technologischem Entwicklungsstand der Länder. Behauptet wurde, daß Strömungen, Wellenschlag und Absinkvorgänge die Stoffe weiträumig vermischen und dadurch auf unschädliche Konzentrationen verdünnen. Das erwies sich als Trugschluß.

Italien ist die größte südeuropäische Industrienation. Es hat eine geschlossene Küstenlinie von über 8000 Kilometern und in jedem Jahr mehr als 40 Millionen Urlauber. Italien gilt als Hauptverschmutzer. Es besitzt jedoch auch in absehbarer Zeit nicht die finanziellen Mittel, diese Situation wesentlich zu ändern. Tag für Tag ergießen sich also weiterhin die Fäkalien der meisten italienischen Küstenstädte mit ihren Krankheitserregern ins Meer, werden – entgegen den gesetzlichen Bestimmungen noch viel zu wenig – Strände für den Bade- und Wassersportbetrieb gesperrt, und es beginnt durch die Überdüngung fast jedes Jahr im Herbst das Fischsterben in der nördlichen Adria. Heimtückischer noch wirken die Industrieabwässer mit ihren nicht oder nur sehr langsam biologisch abbaubaren schädlichen Bestandteilen wie Schwermetallsalzen von Quecksilber, Blei, Chrom, Cadmium, Nickel und Arsen. Sie werden von den Meerestieren aufgenommen und gelangen direkt oder über die Nahrungskette auf den häuslichen Tisch. Schäden beim Menschen an Nervenzellen, im Gehirn und im Knochenbau, im Magen-Darm-Trakt, in Leber und Nieren sowie krebserregende Wirkungen und Erbschäden sind nachgewiesen. Vor Alicante, Marseille, Athen, Ismir, Haifa und vor mehreren großen italienischen Hafenstädten wurden in den letzten Jahren bereits bedenklich hohe Metallkonzentrationen gemessen. Schon 1974 registrierten die Behörden auf Sardinien die ersten Quecksilbervergiftungen von Fischern. Zu den Metallen gesellen sich unter anderem jährlich etwa 50 000 bis 100 000 Tonnen Erdöl durch Verluste bei Transport und Verarbeitung, dazu die sich wie ein Leichentuch über alles Leben – und dieses erstickend – am Meeresgrund ausbreitenden Rückstandschlämme der Aluminiumproduktion (1980 allein vor Sardinien täglich 5000 Tonnen), die Insekten- und Unkrautvernichtungsmittel, die mit den Flüssen und dem Grundwasser ins Meer geschwemmt werden, sowie polychlorierte Kohlenwasserstoffe der Elektro- und Kunststoffindustrie. Liegt das Mittelmeer nun auch hier – weitab vom Festland und vor einer Insel ohne nennenswerte Industrie – bereits im Sterben? Ich lege die Zeitschrift mit den alarmierenden Angaben beiseite und lösche das Wagenlicht.

Als meine Brot- und Druckluftvorräte aufgebraucht sind, fahre ich nach Calvi, einer alten und mit ihren Palmen und Treppengassen fast afrikanisch anmutenden ehemaligen Festungsstadt Genuas. Es liegt bis zu 81 Meter über dem Meer auf einer Landspitze des Balagne-Gebirges. Von welcher Seite man sich auch Calvi nähert, stets beherrschen die wuchtigen Mauern der im 13. Jahrhundert zur Festung ausgebauten Zitadelle das Bild der Stadt. Sie erwarb sich im Lauf der Geschichte den Ruhm der Uneinnehmbarkeit. Der britische Admiral Nelson ließ 1794 das derzeit den Franzosen treue Calvi mit 4000 Kanonenkugeln zertrümmern. Nelson verlor dabei sein linkes Auge, Hunderte von Menschen aber ihr Leben; doch gesiegt hat er nicht, der Admiral.

Auf den ersten Blick erscheint das rund 2500 Einwohner beherbergende Calvi wie ein idyllisches Städtchen, zumal die Hauptwelle der Touristen schon wieder heimgeflutet ist. Ich erreiche Calvi am Nachmittag. Das schräge streifige Licht demaskiert unbarmherzig die Gassen, Durchgänge und Treppen: Stockflecken, Moder, grindiger bröckelnder Putz. Aber je dichter man sich dem heutigen Zentrum Calvis nähert, dem Areal um die Hafenpromenade der Unterstadt, desto mehr Farbtupfer übertünchen die Tristesse. Es sind die bunten Auslagen der Geschäfte, der Souvenirvitrinen und Boutiquen und die Blickfänge von Gaststätten. Die Läden haben bereits geöffnet. Einige Touristen, zu erkennen an ihren Kameras und ihrer Kleidung, Kinder und schwarz gekleidete alte Leute beherrschen das Straßenbild. Das wird sich auch am Abend kaum ändern. Überall fehlen Arbeitsplätze. Etwa 95 000 gebürtige Korsen leben deshalb auf dem Festland. Sie besuchen oft nur einmal im Jahr die Insel, die heimatlichen Dörfer, um hier ihre Ferien zu verbringen. Erst mit Erreichen des Rentenalters kehren die meisten endgültig zurück und setzen sich aufs Altenteil. Deshalb besteht heute fast die Hälfte der korsischen Bevölkerung aus Pensionären.

An der Hafenpromenade entdecke ich Calvi-Bateaux, ein Wassersportgeschäft. Ich frage nach Druckluft. Ja, möglich: elf Francs (etwa 5,– DM) für anderthalb Kubikmeter, also eine Flaschenfüllung. Damit ist der Nachschub an Druckluft gesichert. Morgen also die nächsten Tauchgänge mit dem Atemgerät.

Freilich hatte ich die Rechnung ohne Petrus gemacht. Nachts tobt ein schauerliches Unwetter. Wind rast heulend über die Insel. Regen peitscht die Erde. Blitze zucken gespenstig. Der Wagen wankt unter dem Ansturm der Elemente. Nach vielleicht einer Stunde läßt das Toben nach. Ich versinke in einen unruhigen Schlaf. Einer der letzten Gedanken: Tauchen ade! Hätte ich doch bloß den schönen Tag wenigstens zum Schnorcheln genutzt! Befreundete Taucher kamen auf Sardinien wegen der Stürme fast drei Wochen lang nicht ins Wasser.

Am nächsten Morgen schwarzer Himmel. Wind und hohe Wellen. Mindestens 200 Meter landein gefegter Gischt. Ich lenke das Auto weiter nach oben und frühstücke. Immer noch sprüht Seewasser an die Fenster. Gegen elf Uhr verlasse ich das Camp und fahre über die Küstenstraße nach Galeria, einem Fischerhafen am Golf de Galeria. Ein stilles abgelegenes Dörfchen. Pensionen, Hotels und Zeltplätze verraten, daß zumindest in der Saison mehr die Badegäste die Einkünfte sichern als der Fischfang. Die Küstenstraße endet nach dem Passieren des Ortes direkt am südlichen Ende des Golfes. Man könnte hier mit der Taucherausrüstung bequem über eine kleine Treppe ins Wasser steigen. Aber die See ist viel zu rauh. Also weiter in Richtung Porto. Kaum Verkehr. Manchmal führt die schmale Straße kilometerweit landein, dann über eine Brücke wie aus Napoleons Zeiten und zurück zum Meer. Terraingewinn entlang der Küste nur wenige hundert Meter; aber dazwischen lag eben ein Tal oder eine tief landein schwingende Bucht. Etwa 1,5 Kilometer östlich des Aussichtspunktes Bocca â Croce weist ein Schild nach rechts: La Mer. Also ans Meer. Durch das kleine Dorf Otani geht es über eine abenteuerlich schmale und steile Straße insgesamt fünf Kilometer hinab direkt an den Strand im Golf de Porto. Hohe Felsen rahmen die Bucht. Im Hinterland ist Platz für einige Zelte und Caravans. Ein Bach mit Süßwasser zum Spülen der Tauchergeräte. Eine windschiefe rohgezimmerte »Snackbar Chez Doumé«, natürlich geschlossen. Ein herrlicher Platz zum wilden Kampieren und sicher auch zum Tauchen. Aber Tauchen ist bei der aufgewühlten See unmöglich. Ich fahre auf einen windgeschützten Stellplatz für die Nacht.

Kälte ist immer noch der beste Wecker. Ein Temperaturabfall auf wenige Grade über Null jagt mich am Morgen beizeiten aus dem Schlaf. Ich laufe hinab ans Wasser. Meterhohe Dünungswellen schlagen an die Klippen und machten das Tauchen zu einem gefährlichen Abenteuer. So beschließe ich endgültig, eine Korsikarundfahrt zu unternehmen: quer über die Insel bis an die Ostküste, dann nach Süden und zurück entlang der Westküste wieder bis hierher in diese Bucht.

Bei Porto verlasse ich das Meer und folge dem Verlauf der Straße in die Berge. Der Wind legt sich. Der Himmel wird zusehends lichter. Die Sonne scheint. Vor Ota, an einsamer Landstraße, stehen am Berghang viele Familiengrüfte. Manche sind prächtig gebaut, mit exotischen Bäumen umstanden, und erinnern an Mausoleen. Andere, die Mehrzahl, sind bescheidener, mit passabler Fassade, aber dahinter nur ein kleiner Anbau. Für die Korsen ist der Besitz einer Familiengrabstätte von großer Bedeutung. Die Ursache liegt in der korsischen Geschichte begründet: Das Leben der Inselbewohner war in all den wirren Zeitläufen oft freudlos, voller Mühsal, Sorgen und Gefahren. Der Tod ist ihnen das einzig sichere.

Ota. Ein Bergdorf mit etwa 40 überwiegend zwei- bis dreistöckigen Häusern, wie häufig auf Korsika. Diese Bauweise erlaubt, mehrere Generationen unter einem Dach zu vereinen, spart bei gleicher Wohnfläche Platz und Baumaterial und gleicht besser die täglichen Temperaturschwankungen aus. Von weitem sieht Ota aus, als seien Spielzeughäuschen an die Südwand eines gewaltigen Bergkessels geklebt, der Gorges de Spelunca. Bis zu 1000 Meter hohe Felswände säumen das Tal, an dessen Grund das Flüßchen Porto hinabjagt zu dem gleichnamigen Golf. Der Blick in den mehrere Kilometer breiten Kessel ist großartig, beeindruckend, wie die meisten Landschaften auf Korsika. Doch wie das Zusammenwirken von Baumgruppen, Gebüsch, Macchia und nacktem Fels schildern? Wie den unsteten Wolkenzug, das wechselnde Lichterspiel auf den Hängen, das Gefühl von Einsamkeit angesichts dieser Weite und Kargheit oder wie gar den Duft – als habe ein Gewürzhändler sämtliche Schubladen geöffnet – beschreiben? Wie all das fotografieren?

Kurz vor dem Paß Col de Vergio ein gefährlicher Zwischenfall: Ein mir entgegenkommendes Auto gerät ins Schleudern und überschlägt sich. Glücklicherweise kommt niemand zu Schaden, weder der Fahrer noch sein Hund. Wir schieben das schrottreife Vehikel an den Straßenrand. Die nächsten Kilometer fahre ich sehr behutsam . . .

Col de Vergio, Aussichtspunkt in 1484 Meter Höhe. Schneidender Wind. Vor einer Stunde noch schwitzend im T-Shirt, wate ich nun durch knöcheltiefen Schnee. Aber das Panorama entschädigt, wie schon viele Male, für alle Strapazen. Ich schaue vom Paß weit hinab ins Land. Von hier aus erstreckt sich nach Nordosten die Niolo, eine rauhe Alm- und Waldlandschaft mit alpinem Klima, nur von sechs Dörfern besiedelt. Die nordwestliche Seite der Niolo beherrschen die immer schneebedeckten Zwei- und Zweieinhalbtausender der Monte-Cinto-Gruppe. Der Monte Cinto selbst ist mit – je nach Karte – 2706 oder 2710 Meter die höchste Erhebung Korsikas. Aber welcher der weißen Gipfel ist das?

Nach einigen Kurven führt die Straße fast gerade und mit mäßigem Gefälle bergab. Ich lasse den Trabant rollen. Die Laricokiefern bleiben zurück, die Macchia, die Kastanienwälder. Hinter Calacuccia ein den Golo zügelnder Staudamm. Die Felswände rücken immer enger zusammen. Das Asphaltband krümmt sich zu Mäandern. Ich durchquere die »Höllenschlucht« Scala di Santa Regina, eine der Touristenattraktionen auf Korsika. Sie erschreckt durch ihre Trostlosigkeit. Bis zu 500 Meter aufragende nackte Felswände, die sich dicht gegenüberstehen und zwischen denen der Golo – er schuf diese Schlucht – in schäumenden Wirbeln und Kaskaden nach Nordosten hinab zur Küste stürmt. Ein Grand Cañon en miniature.

Kurz vor Francardo erlauben die Straßenverhältnisse erstmals wieder eine »höllische Raserei«. Ich riskiere 50 km/h! Bei Casamozza, fast an der Ostküste, gabelt sich die Chaussee. Ich fahre in Richtung Süden. Die Berge bleiben zurück. Das Land wird flach und – nach den Eindrücken aus den Felslabyrinthen – sanft, brav. Die nun gut ausgebaute Straße führt entlang der Küste. Ortschaft reiht sich an Ortschaft. Traubengefüllte Kipper tuckern zu den zahlreichen Kelter- und Destillierfabriken. Es ist Zeit der Spätlese. Saftige rote Trauben. Mein Organismus reagiert wie bei Pawlow der Hund. Zwei ziemlich abgerissene Typen, die mit zufriedenen Mienen aus einem Weinfeld kommen, geben den Ausschlag. Eine halbe Stunde später biege ich wieder auf die Hauptstraße.

In der Gegend um Solenzara ragen erneut Berge empor. Die Straße schlängelt sich um die Felsen, die bis an die Küste herantreten. Porto-Vecchio. Der Ort ist berühmt durch seine Korkeichen und den Handel mit bearbeitetem Kork. Die Bäume dürfen nur alle zehn Jahre geschält werden. Danach, ohne Rinde, machen sie einen traurigen Eindruck. Porto-Vecchio besitzt unter anderem eine Zitadelle aus dem 16. Jahrhundert, feinsandige Strände, folglich auch Zeltplätze wie Sand am Meer und rund 7000 Einwohner. Als ich in den Ort fahre, sind scheinbar alle 7000 unterwegs. Ich kämpfe mich durch dichtesten Verkehr rasch wieder hinaus. Kurz vor Bonifacio findet sich ein verstecktes Übernachtungsplätzchen.

Es liegt nicht an der merklichen Abendkühle, daß sich der Schlaf nur schwer einstellt. All die herrlichen wilden Landschaftsbilder wirbeln durch meine Sinne. Nun glaube ich einige Probleme Korsikas besser zu verstehen: wenig land- und forstwirtschaftlich nutzbare Flächen, eine ungenügende Energieproduktion und so gut wie keine Industrie. Die Insellage verteuert alle Ein- und Ausfuhren. Die Höfe korsischer Bauern liefern ihren Besitzern kaum das Existenzminimum. Schwerpunkt der Landwirtschaft ist immer noch die Viehzucht, eine reine Weidewirtschaft mit Schafen und Ziegen. Die Tiere streifen oft frei umher, richten umfangreiche Forst- und Weideschäden an; deshalb ist nur eine mäßige Nutzung der ohnehin spärlich vorhandenen Flächen möglich.

Den jüngeren Leuten sagt das unkomfortable, bescheidene Dasein meist nicht zu. Sie verlassen die Dörfer, die Insel gar, um anderswo ihr Auskommen zu suchen. Dutzende von Landschulen wurden geschlossen. Dabei wäre es gerade die Jugend, die am ehesten die halbfeudalen Produktionsverhältnisse modernisieren könnte. Aber das Landesinnere entvölkert sich immer mehr. Überall sah ich aufgegebene Häuser, Höfe, Güter . . . Zuwanderungen, wie etwa die der 10 000 »Pieds noirs« (Schwarze Füße), ehemalige Siedler aus Algerien, veränderten kaum die Situation. Die Korsen beobachteten mißtrauisch diese mit erheblichen Subventionen geförderte Ansiedlung. 1975 gab es die ersten blutigen Zusammenstöße. Die eindeutig rassistisch geprägte und vielleicht auch von rechtsradikalen Kräften unterwanderte »Front zur Befreiung Korsikas« (FLNC) der Separatisten sprach von Völkermord durch Verdrängung. Ihre Hauptparole: »Franzosen raus aus Korsika!« Die FLNC half gerne etwas mit Bomben nach. Sie wurde Ende 1982 nach Attentaten in Ajaccio verboten. Andererseits ist beispielsweise für den intensiven Weinbau und die Winterbearbeitung der Getreide- und Frühgemüsekulturen – erste Anzeichen des einsetzenden landwirtschaftlichen Strukturwandels – alljährlich die Hilfe mehrerer tausend Italiener notwendig.

Das ferne regierende Paris nahm bisher kaum Rücksicht auf die nationalen Besonderheiten Korsikas. Doch die Korsen sind ein Volk mit eigener Geschichte, eigenem Brauchtum und eigener Sprache, einem toskanischen Dialekt. Da der jeweils herrschende Staat fast nie ein korsischer war, mißtrauten die Korsen stets dessen Gesetzen. Sie unterstützten den Staat nicht, sondern lebten nach eigenem Stammesrecht. Die Abgeschlossenheit und Unzugänglichkeit der Insel begünstigte das Weiterbestehen patriarchalischer Sippen und Clans bis in die Gegenwart. Einer der typischsten mentalen Züge der Korsen ist neben der Freiheitsliebe die Bindung an die Familie. Nur durch den Zusammenhalt in Großfamilien und Clans vermochten die Korsen als Volk all die wirren Zeitläufe zu überleben. Der Clan ist die Gruppe von Familien eines Dorfes oder eines Tales oder irgendeiner anderen geographisch geschlossenen Einheit. Was der Älteste, der Patriarch einer Sippe oder der Chef eines Clans, anordnet, ist Gesetz. Frauen haben generell nichts zu sagen, junge Leute sich unterzuordnen. Durch die Clans entstanden in den Gemeinden praktisch Parallelsysteme zur staatlichen französischen Verwaltung.

Noch heute geht fast nichts ohne Zustimmung der Clans. Daß die durchweg konservativen Herren aber nicht für demokratische Reformen, landwirtschaftliche Produktionsgenossenschaften oder gar sozialistische Ideen eintreten, wundert nicht. Doch 1977 gelang es bei Gemeindewahlen jungen fortschrittlichen Kräften erstmals, die Vorherrschaft eines lokalen Clans zu brechen; eine Ausnahme, aber auch ein neuer Anfang! Der Wahlsieg eines sozialistischen Staatspräsidenten im Mai 1981 bedeutete eine weitere Hoffnung für Korsika. Im Rahmen des für ganz Frankreich vorgesehenen Dezentralisierungsprogramms Mitterrands erhielt Korsika 1982 als erstes Departement ein Autonomiestatut und eine Nationalversammlung mit 61 Volksvertretern, ohne freilich ganz in die Unabhängigkeit entlassen zu werden. Aber das fordert nicht einmal die UPC, die Union des korsischen Volkes und älteste Organisation der Autonomisten. Außenpolitik, Verteidigung und Währungsangelegenheiten sollen die Sache Frankreichs bleiben.

Noch vor Jahren hieß es in Anspielung auf den Flugtourismus: »Korsikas Rettung kommt aus der Luft!« Jedes Jahr kommen weit über eine Million Menschen. Die konservative Regierung Frankreichs hatte lange zur wirtschaftlichen Verbesserung Korsikas vor allem auf die Karte »Tourismus« gesetzt. In den siebziger Jahren arbeitete zeitweilig ein Drittel aller berufstätigen Korsen im Dienstleistungsgewerbe; Anfang der achtziger Jahre bereits jeder zweite. Aber die Tourismusförderung ist keine befriedigende Lösung: Die Beschäftigungslage ist saisonabhängig. Es werden nur die Küsten erschlossen. Von dem auf Korsika ausgegebenen Geld bleibt zu wenig auf der Insel. Welche Zukunft gibt es also für Korsika? Es ist immer noch alles offen . . .

Als die Nacht endet, trage ich unter dem viel zu dünnen Schlafsack drei Hosen, Pullover und Anorak. Das Thermometer steht auf zwei Grad Celsius. Auch auf Korsika bedeutet ein sternenklarer Himmel ebenso schöne warme Tage wie kalte Nächte.

In Bonifacio parke ich direkt am Hafenbecken unterhalb der Festung. Parkplätze sind jetzt kein Problem. In der Saison wäre hier alles mit Autos vollgestellt.

Bonifacio: »Eine der malerischsten und originellsten Städte Europas, vom Volksmund ›schwarze Perle‹ genannt«, schwärmt mein »Grieben«-Reiseführer. »Die alte Feste liegt dreiseitig meerumgeben und von Sardinien durch eine 12 km breite Meerenge getrennt, auf einem 64 m hohen und 1500 m langen halbinselförmigen uneinnehmbaren Kalksteinfelsen, der gleichzeitig den buchtartigen Naturhafen schützt. Die Bonifacios sind fleißige Seeleute, Fischer und Bauern. Doch das Leben hier ist hart, die Erträge bleiben karg, so daß die Bevölkerung immer noch abnimmt. Die Genuesenstadt auf dem Felsen blieb für die Korsen lange Zeit ein Fremdkörper . . . Zwei berühmte Männer hat Bonifacio beherbergt. Als Kaiser Karl V. 1550 von einem Feldzug aus Nordafrika heimsegelte, zwang ihn ein Sturm, im Hafen von Bonifacio Schutz zu suchen; das Haus in dem er abstieg, wird heute noch gezeigt. Napoleon Bonaparte befehligte 1793 als junger Offizier einige Monate lang die Besatzung der Festung und wohnte in der Zitadelle.« Den Militärs haben die strategisch günstige Lage der Festung und ihre dicken Mauern derart gefallen, daß sie immer noch die historische Stätte der Kriegsgeschichte besetzt halten. Jetzt hat dort die Fremdenlegion ihren Standort.

Romantisches Bonifacio? Ich weiß nicht. Verträumte Winkel sind nur ein Teil der Realität. Weitaus stärker noch als in den Nebenstraßen Calvis überwiegen in Bonifacio Verfall, Schimmel, modernde Bausubstanz. Hier und da aufgegebene Wohnungen, verbarrikadierte Portale. Ausdünstungen von Fäulnis, Spülwasser und Urin nisten in den engen Gassen. Manche Häuser scheinen stützend aneinanderzulehnen, Assoziationen an ein Kartenhaus weckend. Zöge man ein Blatt hervor . . . Romantisch mag die Altstadt nur dem flüchtig schauenden Touristen erscheinen. Und doch beeindruckt vor allem die einmalige Lage: hoch oben auf weißem Gestein, schwebend zwischen der Bläue von Wasser und Himmel.

Bonifacio ist das südlichste Städtchen Korsikas. Doch die südlichste Grenzmarke der Insel – und damit ganz Frankreichs – ist nicht sein Südkap Pertusato, sind nicht die Îles Cavallo, nicht die drei bis vier Kilometer südöstlich Korsikas liegenden Îles Lavezzi. Es ist eine Untiefentonne in der Straße von Bonifacio mit der Aufschrift »Lavezzi Sued«.

Etwa anderthalb Jahre nach jenem Rundgang durch Bonifacio passiert ein Konvoi von vier Motorschlauchbooten – aus Richtung Sardinien kommend – jenes gelbschwarze Seezeichen. Die Boote sind mit Tauchergeräten, Kameras und Sporttauchern aus drei Staaten beladen. Ich habe das Glück, auf Einladung einer meeresbiologischen Forschungsgruppe als Unterwasserfotograf mit an Bord eines der Fahrzeuge zu sitzen. So kann ich auch Lavezzi besichtigen und ganz im Süden Korsikas tauchen.

Die Führung hat das englische Schlauchboot mit Jeanne und Keith Nicholsen übernommen; beide hochdekorierte »Diving Officers« (Tauchoffiziere) im British Sub-Aqua Club, der größten westeuropäischen Sporttauchervereinigung. Die Nicholsens betrieben einige Jahre eine kommerzielle Tauchbasis auf Sardinien. Sie kennen daher See und Tauchgründe wie unsereins die heimischen Gewässer.

Die Îles Cavallo und Lavezzi sind die größten Inseln des unbewohnten kleinen korsischen Archipels. Lavezzi hat eine Ausdehnung von etwa anderthalb Kilometern. Fjordartige Buchten zerklüften die aus hellgrauem Granit bestehenden Eilande. Ihre Ränder säumen zahllose Riffe und Felsnadeln. Wehe dem Schiff, das da bei Sturm hineingerät! Auf dem wie ein Flugzeugträger aus dem Meer ragenden Felsen namens Accianno steht eine dreizehn Meter hohe Gedenkstele. Das steinerne Mahnmal und zwei Friedhöfe auf Lavezzi erinnern an das tragischste Schiffsunglück in diesem Gebiet: den Untergang der »Sémillante«. Im Februar 1855 zerschellte die französische Fregatte während eines Jahrhundertorkans an den Klippen von Accianno. Die gesamte Besatzung – es waren 695 Mann – kam ums Leben. Viele Tage lang wurden verstümmelte Tote an die Strände gespült, wehte der bittere Geruch verwesender Leichen über die Insel. 560 Seeleute fanden auf Lavezzi ihre letzte Ruhestätte. Auf dem Meeresgrund finden Taucher heute noch Überreste der »Sémillante«.

Wir landen nur, um auf festem Boden in die Taucherausrüstung zu schlüpfen. Dann brummen die Boote wieder hinaus auf die See zur Secca Lavezzi, der Untiefe nördlich des gelbschwarzen Seezeichens. Keith findet nach einigem Suchen einen geeigneten Ankerplatz, einen bis zwölf Meter unter der Oberfläche liegenden Fels. Ansonsten fällt die See hier ab bis auf Tiefen von knapp 40 Metern. Die Straße von Bonifacio ist nicht nur wegen der Windeinbrüche berühmt und berüchtigt, sondern auch wegen der Strömungen. Aber wir haben Glück: Heute ist lediglich eine geringe Wasserbewegung zu erkennen. Die letzten Handgriffe vor dem Einstieg erfolgen unter den wachsamen »Fernrohraugen« einer Kontrollbootbesatzung der französischen Umweltschutzbehörde. Die Unterwasserlandschaften bei Lavezzi wurden vor etlichen Jahren zu Naturschutzzonen erklärt. Jede bewußte schädigende Aktion, wie das Harpunieren oder Sammeln mariner Organismen, ist hier bei Strafe verboten. Wir hoffen auf eine vielfältige Meeresfauna und stürzen erwartungsvoll ins Wasser.

Die Sicht ist phantastisch. Tief unten im blauen Dämmer die rundliche Felskuppe, von Spalten zerfurcht, mit jähen Abstürzen. Hunderte von Mönchsfischen flitzen gleich Schwalben um den Gipfel. Ich klinke meine außenbords hängende Unterwasserkamera ab und schwimme am Ankerseil entlang in die Tiefe, um den Ankersitz zu kontrollieren. Hier ist auch der Treffpunkt unserer Gruppe.

Der erste Eindruck: Alles scheint eine Nummer größer als gewöhnlich zu sein, der Bewuchs auf den Steinen, die Schwämme und Schnecken, die Blumentiere und Fische. Wir sind erst wenige Minuten unterwegs, als mir Eveline ein Algenbüschel mit Beinen zeigt: eine Krabbe. Ich hätte das Tier glatt übersehen. Krabben sind zehnfüßige Krebse mit verkürztem abgeplattetem Körper. Im Gegensatz zu den Langschwanz-Panzerkrebsen – wie etwa Langusten und Hummer – ist ihr Hinterleib zurückgebildet, ohne Schwanzfächer und stets bauchwärts eingeschlagen. Das von uns bestaunte Exemplar könnte eine Kleine Seespinne sein. Ihr Rückenpanzer und die Beine besitzen viele Hakenborsten. Auf ihnen befestigt sie – wie manch andere Krabbenart – Algen und kleine Polypen. So wächst ein wandelndes Algenbüschel heran. Die Tarnung ist fast perfekt. Auch später auf den Fotos ist von der Krabbe nur die unbepflanzte Bauchseite erkennbar, die das Tier etwas anhob, als es gegen meine sich nähernde Unterwasserkamera in Verteidigungsstellung ging.

Eveline, Markus und ich schweben an kleinen Felsterrassen entlang immer weiter in die Tiefe. In der Ferne perlen hinter Steinblöcken silbrige Blasenwolken von anderen Sporttauchern auf. Zwischen einem Felseinschnitt scheint plötzlich durch einen wundersamen Zufall ein Edelsteinregen zu fallen: ein Schwarm nur wenige Zentimeter großer junger Mönchsfische. Ihre Körper strahlen in einem unwahrscheinlich leuchtenden Kobaltblau. Erst mit der Reife erlischt dieses Blau und verwandelt sich in eine bräunliche bis blauschwarze Tönung.

15 Meter. Die ersten Gorgonien – Gestreckte Gorgonien – ragen wie herbstkahle Sträucher aus dem Boden. Wir gleiten in das Reich der Horn- oder Rindenkorallen, so heißen diese markanten Kolonien von Blumentieren. Das für jene Ordnung typische Achsenskelett im Stockinneren besteht aus biegsamen hornartigen Fasern mit Kalkeinlagerungen; es umhüllt eine mit Kalkteilchen durchsetzte weiche Rinde. Darin sind die Korallenpolypen eingebettet, daher auch die Bezeichnung Rindenkorallen. Taucher aber bevorzugen die verhaltene Poesie, die in dem lateinischen Namen mitschwingt: Gorgonien.

18 Meter Tiefe. Die Büsche und Fächer werden häufiger. Konturen und Färbungen wechseln. Weiter oben wuchsen vor allem die wenig verzweigten Gestreckten Gorgonien mit ihren fast parallelen Ästen. Sie leben überwiegend an lichten Stellen und meiden Höhlen. Die nun vorherrschenden Gelben Gorgonien bevorzugen dagegen Schatten. Auf freien Felswänden sind sie erst in Tiefen über 15 Meter anzutreffen. Ihre Fächer stehen wie Siebe quer zur Richtung der häufigsten Wasserbewegung. So können die Polypen einen größeren Anteil aus dem mit der Strömung vorbeitreibenden Plankton abfischen. Immer mehr werden die gelblichen Formen von Roten Gorgonien abgelöst.

21 Meter. Wir erreichen unsere tiefste Stelle. Der Grund senkt sich kaum noch. Hier und da schimmern an den Felswänden der schluchtenartigen Gänge und Spalten neben den großen Fächern Roter Gorgonien kleinere fast blauschwarze Hornkorallen. Ich schalte die Pilotleuchte ein. Das Blauschwarz verwandelt sich in ein herrliches Violett, nach dem diese Tierkolonie auch benannt ist: Violette Gorgonie, Paramuricea chamaeleon; der zweite Teil des lateinischen Namens verrät eine Eigenart dieser Korallen: ihre Farbvariationen. Sie können auch karminrot, an den Enden gelblich oder ganz gelb gefärbt sein. Mir fällt auf, daß wir quer durch das Spektrum häufigster Gorgonien des Mittelmeeres schwimmen. Nur die bekannteste Mittelmeerkoralle, die Edelkoralle, sahen wir nicht. Mir glückten erst vor der spanischen Mittelmeerinsel Ibiza Aufnahmen von Edelkorallen, und zwar in Tiefen jenseits 40 Meter. Die Edelkoralle muß aber auch im Seegebiet zwischen Sardinien und Korsika vorkommen, denn in Nordsardinien ist eines der Zentren der Korallenfischerei beheimatet. In Santa Teresa di Gallura sah ich eine ganze Flotte jener Boote, die mit feinen Spezialnetzen die roten Korallen von den Gründen losreißen – und dabei freilich viele andere Lebewesen mit vernichten. In Santa Teresa leben außerdem Korallentaucher. Etwa 20 Taucher fahren zwischen April und Oktober – wenn immer es das Wetter zuläßt – hinaus in die Straße von Bonifacio. Sie müssen freilich zu Tiefen von 60 bis 110 Meter hinuntertauchen, um mit wenigstens drei Kilogramm Korallenmasse noch lohnende Mengen abschlagen zu können. Aber die Tage der Korallenernte sind hier gezählt: Zum einen werden durch die Meeresverschmutzung die empfindlichen Korallenpolypen immer seltener, zum anderen gewinnen die Umweltschützer in der sardinischen Regierung zunehmend Stimmen gegen die räuberische Tätigkeit der Korallentaucher. Vor Lavezzi darf natürlich keiner ernten. Hier könnten deshalb in größeren als den von uns aufgesuchten Tiefen noch umfangreiche Bestände sein. Im Gegensatz zu den biegsamen Gorgonien sind bei den Edelkorallen rötliche Kalkkörperchen (Spiculae) zu einer kompakten Kalkmasse verklebt, die als Skelett fungiert. Sie ist nach dem Entfernen des Weichkörpers das Rohmaterial für die begehrten Schmuckwaren.

Immer wieder visiere ich durch den Sucher der Kamera. Die Fülle der Objekte ist überwältigend. Plötzlich kommt Jerry angehastet und winkt aufgeregt. Wir folgen gehorsam und haben nicht die geringste Ahnung, was es sein mag. Auf halber Strecke wartet Keith. Er steht ein wenig abseits auf einer kleinen Felskuppe und betrachtet uns wohlgefällig, etwa wie ein General auf einer Tribüne den Vorbeimarsch seiner Elitetruppen. Wir passieren in der Gänseformation. Jerry dirigiert uns zu einer horizontalen Felsspalte. Gespannt spähen wir in den kaum halbmeterhohen Schlitz – und würden uns die Augen reiben, trügen wir nicht Tauchermasken. Da sind – das ist doch nicht möglich – Zackenbarsche!

Vor über 40 Jahren, als in Frankreich an der Côte d'Azur das Tauchen als neue Sportart entdeckt wurde, als der Schriftsteller Guy Gilpatric als einer der ersten in Europa Fische schwimmend mit dem Speer jagte, als Hans Hass sich für das Tauchen zu interessieren begann, als Jacques Costeau und Frederic Dumas das erste wirklich brauchbare Drucklufttauchgerät erprobten – und vielleicht auch noch 10 bis 20 Jahre später –, waren die großen Zackenbarsche an den europäischen Mittelmeerküsten nichts Ungewöhnliches. Aber immer mehr Taucher fielen mit starken Schußharpunen über die mächtigen und leider auch sehr delikaten Tiere her. Die Barsche lernten rasch, wie der flossentragende Mensch einzuordnen ist: als feindlich. Sie zogen sich in größere Tiefen zurück. Die Jäger folgten bald mit modernen Tauchergeräten. Die Zackenbarsche wurden immer scheuer, mieden nach Möglichkeit überhaupt die Küstenregionen. Große Tiere sind heute nur noch vereinzelt in wenig zugänglichen Seegebieten und nur aus größerer Entfernung zu sehen. Der Wrackbarsch ist ein Eremit und bevorzugt ohnehin die Einsamkeit – tiefes Wasser, die offene See. Manchmal folgt er Treibgut, um darauf siedelnde Tiere wie Entenmuscheln und Seepocken zu fressen. Der kleinere Braune Zackenbarsch sucht gern Höhlen und Spalten auf, auch Seegraswiesen am Fuße von Klippen in über zehn Meter Tiefe. Er wird bis 1,4 Meter lang und ist ein sehr geschätzter Speisefisch, zum Leidwesen der Unterwasserjäger und Angler aber mißtrauisch, schlau und deshalb schwer zu fangen. Aus dem marinen Nahrungsangebot – Fische und Tintenfische – verdrückt der Braune Zackenbarsch täglich eine Menge, die einem Drittel seiner Körpermasse entspricht.

Während all meiner Tauchgänge vor Korsika und Sardinien sah ich nur einmal große Zackenbarsche (die kleinen, wie Schriftbarsche, Sägebarsche und Rote Fahnenbarsche, nicht gerechnet). Und jetzt, in dieser Spalte, nicht nur einer, sondern gleich fünf oder sechs Braune Zackenbarsche. Rechnet man die durch Lichtbrechung an der Tauchermaskenscheibe bewirkte optische Vergrößerung von einem Drittel ab, messen die Tiere immer noch 50 bis 60 Zentimeter. Aufgeregt hasten sie durch die steinernen Gänge. Kaum ruhiger bedienen wir die Kameras. Markus' Scheinwerfer erhellt den Spalt, während ich drei Blitze hineinschicke in der Hoffnung auf ein brauchbares Bild. Reine Jagdgier . . . Dann wird es Zeit, umzukehren. Unser Luftvorrat ist bis auf die Reserve verbraucht.

Doch zurück nach Bonifacio. Ich verlasse das alte Städtchen. Zehn Kilometer nordwestlich, am Golfe de Ventilegne, wird das Land noch einmal überraschend flach. Ich entdecke für das mittägliche Picknick eine schöne seichte Badebucht mit kiesigem Strand und dem Müll der letzten Saison: Plastflaschen, Konservenbüchsen, Papier. Dann geht die Fahrt weiter auf der Nationalstraße N 196 in die Montagne de Cagna, eine sanft geschwungene Berglandschaft. Zwei Kilometer vor der nächsten Tankstelle geht mir der Kraftstoff aus. Ich pantsche mit Zweitaktöl und Kochbenzin und schwöre – zum wievielten Male eigentlich? –, ab sofort immer rechtzeitig zu tanken.

Um die in der Heimat übliche Kaffeezeit erreiche ich Ajaccio, die Hauptstadt Korsikas. Bastia hat einige hundert Einwohner mehr als Ajaccio, mehr Fabriken, den wichtigsten Hafen der Insel. Bastia müßte eigentlich immer noch die Hauptstadt Korsikas sein.

Bastia hat aber einen historischen Nachteil: Als der etwas leichtsinnige zweiundzwanzigjährige Carlo Bonaparte wieder einmal die hübsche und um vier Jahre jüngere Patriziertochter Letizia Romolino umarmte und die Umarmung nicht ohne Folgen blieb, kam am 15. August 1769 Napoleon nicht in Bastia, sondern in Ajaccio zur Welt. Und er, Lokalpatriot und von seiner Mutter Letizia gebeten, erklärte 1811 Ajaccio zur Hauptstadt. Ajaccio strotzt natürlich von Gedenkstätten, Standbildern und Büsten Napoleons. Mir ist aber der Kaiser und seine Hinterlassenschaft momentan völlig egal. Ich sah heute schon zuviel. So schlendere ich nun ziellos durch Ajaccio. Der Feierabendverkehr tobt durch die Hauptstraßen. Müdigkeit, Staub und Autoabgase verdrängen gründlichst alle Einflüsterungen, auf den Spuren Napoleons wandeln zu wollen. Ich bin froh, als ich wieder im Wagen sitze und weiter nach Norden holpere, in Richtung jener stillen Bucht im Golf von Porto. Es beginnt zu dunkeln.

Die Calanche ist ein wenige Kilometer südlich Portos am Golf gelegenes Felslabyrinth mit bis zu 500 Meter aufragenden Felsnadeln. Sie bestehen aus gelbrotem Granit. Ähnlich wie beim weniger schroffen Pendant in Bulgarien, den bis 150 Meter hohen Felsen von Belogradtschik, entstanden durch Erosionen im Laufe von Jahrtausenden wunderlich geformte Steingebilde. Manche erhielten hier wie dort wegen vager Ähnlichkeiten in den Konturen Namen: Elefant, Hundekopf und Riese hier; Reiter, Mönche und Bär dort. Freilich ist die Calanche nicht umzäunt und mit einer Kasse versehen, an der man seinen Obulus entrichten muß, wie mancherorts, wenn man Naturwunder bestaunen will.

Als ich an einem der letzten möglichen Aussichtspunkte halte und in die Calanche schaue, scheint bereits der Mond. Sein bleiches Licht schimmert auf dunklen bizarren Steingebilden und Felsnadeln. Die Aussicht ist großartig und ein wenig gespenstig. Huschten da nicht riesige Fledermäuse um die Zinnen?

In der Dunkelheit ist es schwer, einen gemütlichen Übernachtungsplatz zu finden. Deshalb parke ich wieder auf einem Abstellplatz an der Küstenstraße. Es herrscht so gut wie kein Verkehr. Ich glaube, in der Nacht fuhren zwei oder drei Wagen vorbei. Ich rapple mich beizeiten auf und lande in den frühen Morgenstunden nach einer dreitägigen und 560 Kilometer langen Fahrt wieder in der Bucht unterhalb von Otani. Was für eine wunderschöne Insel!

Das Meer ist ruhig. Die Sonne scheint, als hätte sie etwas nachzuholen. Gegen halb elf stecke ich im Taucheranzug und stapfe mit der Unterwasserkamera ins Wasser. Die ersten Meter sind enttäuschend. Sollte auch dieser von steilen Felsen gesäumte Golf der seichten Bucht von Argentella ähneln? Rechter Hand, vielleicht 100 Meter weiter draußen, ragt ein Stein mit der Silhouette eines winzigen Schlachtschiffes aus dem Meer. Ich schnorchele hinaus. Es wird allmählich tiefer. Der Seeboden bleibt aber immer gut erkennbar. Der Fels trug wahrscheinlich einen Pfeiler mit einem nautischen Kennzeichen. Reste eines Gittermastes liegen am Grund. Ich wechsle auf Geräteatmung und lasse mich sinken. Mir wird heiß, aber nicht nur wegen des guten Kälteschutzes meines Unisuits.

Ganz sacht, immer etwas Druckluft über das Brustventil in den Taucheranzug lassend, schwebe ich in die Tiefe. Es ist phantastisch. Endlich eine Unterwasserwelt, wie ich sie mir für das Mittelmeer erhoffte. Klares blaugrün schimmerndes Wasser. Zerklüftete und reichbewachsene Gründe. Viele interessante Tiere. Allein schon am Pfeiler: Beläge aus allerlei Pflanzen und niederen Tieren überziehen das Gestein. Eine leuchtend rote Purpurrose. Weiße Seepocken, das sind seßhaft in einem Kalkgehäuse lebende Kleinkrebse, fischen mit winkenden Bewegungen nach vorbeitreibendem Plankton. Grünliche und bräunliche Algen. Schwarze Miesmuscheln, Schwämme, Seescheiden. Röhrenwürmer mit blütenförmig entfalteten Tentakeln. Krustenanemonen. Wie ein Breitwandfilm zieht die mediterrane Fauna und Flora vor meiner Tauchermaske vorbei. Ich stoppe den Abstieg bei einer Gruppe von Röhrenwürmern.

Im Mittelmeer leben mindestens 300 Borstenwurmarten, die zu insgesamt vier Ordnungen gehören. Die meisten Borstenwürmer, eine Klasse der Ringelwürmer, finden sich in den Ordnungen der Freilebenden (Errantia) und der Seßhaften (Sedentaria). Letztere hausen fast ausnahmslos in selbstgebauten Röhren oder in mit Körperausscheidungen verfestigten Gängen. Deshalb nennt man die Sedentaria oft auch Röhrenwürmer.

Bekannte und auffällige Errantia europäischer Küsten von der westlichen Ostsee bis zum Mittelmeer sind beispielsweise Borstenwürmer aus den Familien der Eunicidae und Nereidae. Die oft räuberisch lebenden Euniciden tragen aber auf dem Rücken kaum Borsten. Sie ähneln teilweise überdimensionalen Regenwürmern, sind aber mit wehrhaften Kieferapparaten ausgestattet, mit denen sie schmerzhaft zu beißen vermögen. Die bis drei Meter lange Eunice gigantea ist der größte aller bekannten Borstenwürmer. Die überaus borstigen und stark segmentierten Nereiden sind häufig hübsch gefärbt und zwischen 10 und 50 Zentimeter lang. Die Berührung einiger Arten ist gefährlich. Etliche Nereiden besitzen außer scharfen Kiefern mit Glaswolle vergleichbare Borsten, die sie bei Gefahr spreizen. Die Borsten dringen leicht in die Haut und brechen ab, das führt zu schmerzhaften Schwellungen und Entzündungen.

Unter den Sedentariern sind zwei Familien besonders auffällig: die Kalkröhrenwürmer (Serpulidae) mit der Gemeinen Wurmröhre, dem Blutroten Röhrenwurm und dem Dreikantwurm und die Fächerwürmer (Sabellidae). Die ersteren fertigen sich ihre Wohnröhren aus abgeschiedenem Kalk und können diese mit einem konischen Horn- oder Kalkzapfen verschließen. Die meist größeren Sabellen bauen bis zu 60 Zentimeter lange häutige oder hornige Wohngehäuse und stets ohne »Tür«, also ohne Zapfen. An den unscheinbaren Wohnröhren würden die meisten Taucher vorbeischwimmen, ragten da nicht wie Blüten aussehende farbige Tentakelfächer aus den Mündungen. Es sind dies die Planktonfallen der Würmer. Zufällig in das Strahlengeflecht geratene organische Schwebeteilchen werden festgehalten und mit Flimmerhärchen entlang einer Rinne in die Mundöffnung gestrudelt. Die größten Mittelmeersabellen sind der meist mit seiner Röhre nur wenige Zentimeter aus dem Boden ragende Pfauenfederwurm und die prächtige Schraubensabelle. Bei der letzteren ist einer der Tentakelträger spiralförmig gewunden.

Freilich, all das geht mir nicht gerade in dem Moment, da ich die Röhrenwürmer betrachte, durch den Sinn. Erst viel später habe ich darüber nachgelesen. Mir genügt momentan eine grobe Einordnung. Interessanter erscheint mir zu wissen, warum Röhrenwürmer herrliche Tentakelkronen entfalten oder die meisten Arten zu Kletterhaken umgebildete Borsten besitzen, mit denen ihre Hinterteile in der Röhre ankern. Das erlaubt ihnen bei Gefahr ein rasches Zurückschnellen. Was prompt geschieht, als ich der Gruppe zu nahe komme. Plopp, und noch einen Zapfen vor den Eingang! Übrig bleiben ein paar unscheinbare geschlängelte Strukturen.

Ich lasse mich weiter sinken. Tiefe zehn Meter. Zwei bräunlich schimmernde Purpurseescheiden. Im Scheinwerferlicht würden sie sich in leuchtendem Rot präsentieren, doch die Wasserschicht eliminiert bereits die roten Farbanteile des Sonnenlichts. 15 Meter. Ich lande auf dem Grund und genieße die Kulisse. Mannshohe Steinbrocken bedecken den Boden und bilden kleine reizvolle Schluchten, Gänge und Vertiefungen, von streifigem Licht erhellt. Wie ein überdimensionaler Mast ragt die Felsnadel empor. Ein Mönchsfischschwarm flirrt um den Gipfel gleich einer Wolke aus groben Partikeln. Die Wasseroberfläche schimmert wie mattes welliges Silber.

Nur wenige Meter weiter lauert zwischen den Steinen in schräg aufwärts gerichteter Haltung ein Pärchen Schriftbarsche von etwa 20 bis 25 Zentimeter Größe. Typische Kennzeichen der Schriftbarsche sind ein leuchtend hellblauer Fleck an der Bauchseite und dunkle Querstreifen; sie sollen an Schriftzeichen erinnern. Mir fällt es schwer, da Ähnlichkeiten zu erkennen. Das Schriftbarschpärchen betrachtet gelassen die Verrenkungen des Unterwasserfotografen samt seinem aufdringlichen Geblitze. Normalerweise sind Schriftbarsche Einzelgänger; sie bewohnen ein genau abgegrenztes und gegen Artgenossen verteidigtes Revier. – Nur zu schnell ist der Film voll und die Batterie leer. Ich tauche auf und schnorchle zurück.

Filmwechsel und Einbau des Normalobjektivs. Probeblitz. Nichts. Blitzgerätewechsel, das heißt, den in Argentella gebadeten Blitz wieder angebaut. Probeblitz. Okay! All dies im warmen Taucheranzug bei Sonne und mindestens 22 Grad Celsius. Ich bin also auch aus thermischen Gründen froh, als mich endlich wieder kühles Wasser umspült. Bei diesem Tauchgang finde ich etwas abseits der Felsnadel zwischen Neptungras eine bratpfannenbreite und halbmeterhohe Steckmuschel – jetzt könnte ich das soeben ausgebaute Weitwinkelobjektiv gebrauchen! Tauchende Souvenirsammler haben die einst häufigen Muscheln recht selten werden lassen. Zwischen Schale und Mantel dieser Mollusken haust oft ein Muschelwächter genannter Kurzschwanzkrebs. Das kugelförmige Tier von anderthalb Zentimeter Durchmesser hat es nicht weit bis zum gedeckten Tisch. Es kehrt sich einfach schleimumhüllte Nahrungsteilchen von den Muschelkiemen. Ich treffe auch wieder auf einen fast halbmetergroßen Eisseestern. Natürlich gerade jetzt, wo sich ein Zwischenring nur für Aufnahmen von 20 Zentimeter großen Objekten in der Kamera befindet.

Unter Wasser vergeht die Zeit wie gewöhnlich viel zu schnell. Mein Rücken beginnt zu schmerzen. Das kommt von dem Bleigurt an der Taille. In der Schwimmlage zerrt seine Masse von immerhin 15 Kilogramm die Wirbelsäule bauchwärts, während Beine, Arme und Oberkörper durch den Auftrieb emporstreben. Mein Atemluftvorrat geht zur Neige. Ein Blick auf den Kompaß. Gemächlich flossele ich zum Ufer.

Sachkundige werden vielleicht nach Grundsätzen der Tauchsicherheit fragen, werden mahnend anmerken, daß es doch heißt: »Tauche nie allein!« – Ich hatte das eigentlich auch nicht im Sinn, sondern eine Basis mit Boot und Tauchführer. Es hätte mir überdies die Suche nach geeigneten Plätzen erspart. Aber was, wenn man zum ersten und – wer weiß das – vielleicht auch zum letzten Male an einem seiner Traummeere sitzt? Nicht tauchen wegen des größeren Risikos? Wer das über das Herz brächte, scheint mir, ist nicht mit Leib und Seele Sporttaucher. Also allein, aber keine riskanten Tauchgänge und bestmögliche Sicherheitsmaßnahmen beachten: Nur in Buchten und in Ufernähe tauchen. Nicht tiefer gehen als 15 Meter. Eine stabile Boje mit 20 Meter langer Leine um die Taille schlingen, damit einen notfalls jeder Sonntagsangler hochhieven kann.

Als ich wieder einmal nach Calvi fahre, um Luftvorräte und Brot einzukaufen, entdecke ich etwa vier Kilometer südlich des Ortes eine Straßennische zum Parken. In der Nische läuft ein Quellwasserrinnsal den Fels hinab. Es ist genießbar; Korsika ist berühmt für gutes Trinkwasser. Aber wichtiger ist: Unterhalb der Straße führt die Andeutung eines Trampelpfades hinab zum Meer. Meine Sicherheitsvorsätze geraten ins Wanken. Ob ich nicht doch einen Tauchgang direkt an der Steilküste riskiere?

Ich erledige die Besorgungen, trinke an der Hafenpromenade einen Pastis und nächtige im Auto in der Straßennische. Die Nacht erweist sich nach der gestrigen Kälte nun wieder als angenehm temperiert. Was für ein sprunghaftes Wetter.

Am Morgen interessieren mich vor allem zwei Dinge: ein großer Topf Kaffee und der Weg hinab zum Meer. Das erste ist unproblematisch. Auch der Abstieg läßt sich anscheinend ohne spezielle Bergausrüstung leidlich bewältigen. Ich rutsche, kraxele, springe. Die Zeit vergeht. Die Wasseroberfläche rückt kaum näher. Mir kommen bald die trügerischen Bilder aus dem Pirin-Gebirge und der Hohen Tatra in den Sinn: Wie greifbar nahe schienen die Gipfel. Sie lockten wie Oasen in der Wüste. Sie lockten Stunde um Stunde.

Nach etwa drei Viertel des Weges gebe ich auf. Es ist zu weit für den Transport der schweren Ausrüstung. Also zurück an den Golfe de Porto.

Von der offenen See her schieben sich lange Wellen in die Bucht. Die Wasserbewegungen schlagen durch bis auf den 15 Meter tief liegenden Meeresboden. Der Wellenrhythmus läßt alles Bewegliche über den Grund schwingen: Sedimente, die pfenniggroßen Scheiben zerfallener Schirmalgen, kleine Fische, Seegrasfetzen, Taucher. Das Fotografieren wird schwierig. Die Sicht ist schlechter als gestern, nur zehn bis zwölf Meter. Nur? Für die Ostsee wäre dies eine begeisternde Traumsicht. Wie schnell man sich doch an bessere Bedingungen gewöhnt. Mehr Fischschwärme als sonst durchstreifen das Areal. Suchen sie Schutz in der Bucht? Endlich gelingt die Aufnahme einer Steckmuschel. Wer übrigens meint, die Muschel stecke lose im Boden, der irrt. Sie hat ihr spitzes Ende mit Byssusfäden auf einer festen Unterlage angeheftet. Diese als Muschelseide bezeichneten Fäden wurden in vergangenen Zeiten versponnen und zu Handschuhen verarbeitet. Ein Paar dieser hauchzarten goldbraunen Handschuhe paßte in eine Walnußschale. Ich halte mich beim Fotografieren manchmal an Wurzelstöcken des Neptungrases fest oder verklemme meine Beine zwischen Steinen. Eine der merkwürdigen Ballalgen rollt über den Grund. Sie mißt etwa 15 Zentimeter im Durchmesser und ist von satter dunkelgrüner Färbung. Die Kugel fühlt sich elastisch an. Sie ist hohl und besteht aus unzähligen miteinander verklebten Einzelfäden. Ich löse in jenem Moment aus, da der Vorwärtsschwung endet und alle beweglichen Objekte für einen kaum merklichen Augenblick verharren.

Unaufhaltsam verrinnt mit der Blasenspur aus dem Atemregler die mögliche Tauchzeit. Keine fotografischen Höhepunkte; ich fülle den Film mit allerlei Stillleben, besonders mit Aufnahmen von Schwämmen. Es gibt kaum harte Untergründe, auf denen keine Schwämme siedeln. Im Mittelmeer leben über 180 Arten. Schwämme besitzen vielerlei Farben und Formen: Röhren, Nieren, schichtartige Beläge, Stifte, Bälle, Becher, mit bizarren Verästelungen besetzte Knollen, Geweihe . . . Schwämme sind Tiere, sehr einfache, die simpelsten unter den mit bloßem Auge sichtbaren marinen Lebewesen, aber eben doch Tiere. Eines der wesentlichen Merkmale tierischen Lebens ist Bewegung. Schwämme aber rühren sich nicht ein bißchen. Selbst als ich sie anstoße, erfolgt keine sichtbare Reaktion. Ich wiederhole einen bekannten Versuch und zerbrösele Algenteilchen dicht über einer der für Schwämme typischen Ausströmöffnung. Die Partikel werden weggetragen; aus den Öffnungen strömt also Wasser. Folglich ist auch irgendein Triebwerk in Gang, der Schwamm also doch nicht ohne Leben.

Ein Schwamm mit dem Volumen von einem Liter vermag täglich bis zu 2000 Liter durch die Poren seiner Oberfläche zu saugen und wieder auszustoßen: 20 Bierfässer voll Wasser! Die Schwämme sind von einem mit winzigen Einströmöffnungen beginnenden System feinster Kanäle durchsetzt. Diese münden zu Tausenden in den großen Ausströmöffnungen. In einem Teil der Kanäle befinden sich Kragengeißelzellen. Ihre Millionen unablässig peitschenartig schwingenden Geißelfäden treiben das Wasser durch den Schwamm. Und mit dem Wasser zirkulieren Sauerstoff und Nahrung, werden die Abfallprodukte des Stoffwechsels und die Keimzellen der meist zwittrigen Schwämme ins Wasser gespült. Aus den Keimzellen entstehen rundliche bis ovale »Schwärmlarven« mit Geißelantrieb. Sie setzen sich nach einer Frist planktischen Daseins auf einem harten Untergrund fest – egal ob Fels, Muscheln, Wrackteile, Strünke großer Algen oder Krebspanzer. Es bilden sich die ersten Kanäle mit Kragengeißelzellen. Sie werden ausgebaut. Skelette aus miteinander verflochtenen Kalk- oder Kieselsäurenadeln oder hornartigen Fasern aus sogenanntem Spongin entstehen. Der Badeschwamm ist nichts anderes als das nach dem Auswaschen lebender Zellen übriggebliebene Spongingerüst. Unsere Schwämme im Haushalt bestehen jedoch meist aus Kohlenwasserstoffverbindungen.

Wenn ich es recht bedenke und noch die Beobachtungen und Fotos hinzufüge, die später vor Sardinien und Ibiza entstanden, so bestimmen Schwämme mit teils prächtigen Färbungen wesentlich das Farbspektrum unterseeischer Landschaften. Sie sind alles andere als fotografische Lückenbüßer.

Momentan fällt mir besonders der rote Schwamm Spirastrella cunctatrix auf mit seinem typischen Aderngeflecht großer Kanäle, eine gelbliche Knolle mit Auswüchsen wie Warzen und ein nierenförmiger Lederschwamm von graubrauner Färbung mit weißlichen Flecken. Schwämme sind durch die oft variierenden Farben und Formen schwer zu bestimmen: teils nur mit Lupe und Mikroskop nach der Form der Skelettnadeln.

Schwämme können sehr interessant sein, aber eines sind sie keinesfalls, nämlich aufregend! Doch Fortuna schüttet gütig aus ihrem Füllhorn einen glücklichen Zufall auch zu mir hinab in den Golf. Als ich um einen Steinblock biege, starre ich in das aufgerissene Maul einer Muräne.

Seit Kaiser Nero (oder Sienkiewiczs »Quo vadis?«) besitzen Muränen einen üblen Leumund: Sie fressen Menschen! Wer erinnert sich nicht der Szene, da Nero seine Muränen mit nackten Sklavinnen füttern ließ? In die Enge getriebene Muränen greifen tatsächlich entschlossen an. Mit ihren nadelförmigen nach hinten gebogenen Zähnen reißen sie schmerzhafte Wunden, in die außerdem giftiger Schleim aus der Mundhöhle gelangen kann. Mir wird nun etwas bang zumute.

Meine Bedenken haben einen anderen Grund: Sporttaucher berichten, daß sich manchmal die Muränen, wenn ihnen der Unterwasserfotograf zu dicht auf den Leib rückt, in ihren Schlupfwinkel zurückziehen. Und wie käme ich dann zu einem Foto?

Andere Ängste sind unbegründet. Man darf nur nicht in Muränenhöhlen fassen, das Tier angreifen, packen oder gar harpunieren, so daß es sich ausweglos bedrängt fühlt. Auf manchen Tauchbasen gehört die Schaufütterung meterlanger Muränen durch den Tauchführer zum Besichtigungsprogramm. Die gefräßigen Tiere jagen sonst überwiegend nachts. Fische, größere Krebse und Tintenfische sind ihre Beute. Am Tag verlassen Muränen nur ungern die Schlupfwinkel, stecken aber oft interessiert den Kopf aus dem Eingang. Im Mittelmeer lebt nur eine Art. Von den anderen hier anzutreffenden Aalfischen (Flußaal, Meeraal) ist sie leicht zu unterscheiden: an der Fleckung und der dicht hinter dem Kopf beginnenden Rückenflosse. Das offene Maul ist keine gegen mich gerichtete Drohung, sondern normales Verhalten des Tieres.

Ein Naturführer meint: »Die Begegnung mit einer Muräne ist immer der Höhepunkt eines Tauchganges.« Ich richte die Unterwasserkamera auf diesen Höhepunkt. Er lugt, von Pfennigalgen umkränzt, aus einem meterbreiten Rasenkorallenpolster. Bedingt durch das Weitwinkelobjektiv und den minimalen Aufnahmeabstand von einem halben Meter wird das wieder eine Aufnahme mit viel Biotop.

Nach 70 Minuten steige ich empor. Die Wellen scheinen größer geworden zu sein – Vorboten eines Wetterumschwungs? Ich habe aber nicht die geringsten Schwierigkeiten. Mit dem leicht aufgeblasenen Anzug schaukle ich wie eine Boje seelenruhig an der Oberfläche. Ich schwimme zum Ufer und wechsle eilig Film und Objektiv. Die restliche Druckluft soll für den Abend bleiben. Deshalb schnorchle ich weiter, nun rechts am Ufer entlang mehrerer kleiner Felsabstürze. Im Algenbewuchs der Gezeitenzone weiden Napfschnecken. Jede Schnecke hat ihren festen Wohnplatz. Sie kehrt immer wieder dahin zurück. Nicht ohne Grund: Die Napfschnecke ätzt sich durch säurehaltige Ausscheidungen eine kleine Grube in das Gestein, in die sie mit ihrem napfförmigen Gehäuse genau hineinpaßt wie ein Deckel. So ist die Napfschnecke ideal geschützt gegen die Unbill ihres

Lebensraumes: starken Wellenschlag, den Wechsel zwischen Überflutung und zurückweichendem Wasser, manchmal völlige Trockenheit und stundenlang sengende Sonne. Mich erstaunt immer wieder, wie hervorragend sich die meisten Pflanzen und Tiere ihrer Umwelt anzupassen vermochten. Biologen betrachten das gewiß nüchterner und haben allerlei Erklärungen mit -ion zur Hand: Mutation, Selektion, Evolution . . . Ich akzeptiere Theorien und Beweise. Dennoch: Es sind auch kleine Wunder.

Jede Zone hat ihre speziellen Bewohner, die sie nur notgedrungen oder gar nicht verlassen. Als die typischsten Tiere der Gezeitenzone des Mittelmeeres gelten die Gewöhnliche Napfschnecke und die Purpurrose. Es ist meist nicht schwer, Purpurrosen zu finden, wenn man sie in ihrem bevorzugten Biotop sucht – an glatten senkrechten Felsabstürzen. Ich sehe die ersten Rosen schon von weitem. Sie kleben wie halbierte Tomaten an dem Gestein. Neben den roten gibt es, freilich seltener, auch braune und grünliche Färbungen. Im Schwarzen Meer sah ich öfter braune Varianten, im Mittelmeer nicht eine. Die im Durchmesser vier bis sechs Zentimeter großen Anemonen entwikkeln ihren Nachwuchs im Magenraum und entlassen dann die Jungtiere durch die Mundöffnung in die See.

Ich schnorchle an den Felsen entlang. Bis auf ein Napfschneckenfoto gelingt keine Aufnahme. Im freien Wasser schwimmend, ohne festen Halt und von den Wellen auf- und abgeschaukelt – wie soll man da die Kamera vor dem Motiv auf den Zentimeter genau ausrichten? Ich biege ins Areal der Seegraswiesen ab und schwimme dann strandwärts. Das Neptungras bleibt zurück. Kleine mit allerlei Kalkrotalgen und Grünalgen bewachsene Steine bedecken den Grund. Unter mir hat ein leuchtend roter Purpurstern seinen schützenden Unterschlupf verlassen. Das schöngefärbte, auffällige Tier paßt so gar nicht in diese Umgebung schlichter zarter Töne. Er sieht eher aus wie ein Dekorationsstück für den Fotografen. Schneckenlangsam kriecht der Seestern auf Hunderten von Saugfüßchen voran. Ich mache erst drei Fotos, ehe ich ihn behutsam anhebe. Der Seestern spannt seine Körpermuskulatur und erstarrt. Ich setze das Tier zurück auf den Grund und widerstehe der Versuchung, es als Andenken mitzunehmen.

Zu oft schon haben Sammler die Natur geschädigt! Selbst die Mitnahme eines leeren Schneckenhauses bedeutet letztlich einen Eingriff in das biologische Gleichgewicht des Meeres. Hier ein Beispiel: Im Mittelmeer leben ungefähr 15 Arten von Einsiedlerkrebsen, vom kleinen Sandeinsiedler mit acht Millimeter Rumpflänge bis zum 60 Millimeter langen Großen Einsiedlerkrebs. Diese Kurzschwanzkrebse haben ein zarthäutiges Hinterteil, abgesehen von dem zu einem Greifhaken umgebildeten Schwanz. Um den delikaten Achtersteven vor hungrigen Mäulern zu schützen, schlüpfen nun die Einsiedler rücklings in leere Schneckenhäuser. Sie werden ständig mit herumgetragen und, falls zu eng geworden, gewechselt. Vielleicht äugt aus einem Versteck schon interessiert einer der Einsiedler nach gerade dem Gehäuse, das ich hinter der Handschuhstulpe verschwinden ließe? Vom Handel mit seltenen Gehäusen für betuchte Sammler gar nicht zu reden. Die kostbarsten Stücke werden fast mit Gold aufgewogen. Das führte praktisch zur Ausrottung manch seltener Art. Der Kauf bei Zoo- und Souvenirhändlern ist ja nichts anderes, als fischte man die Tiere selbst aus dem Meer – ganz egal aus welchem Meer! Ich fische also nichts und schwimme zurück ans Ufer. Lediglich aus weit auf den Strand geworfenen Überresten mariner Fauna werde ich später einige Molluskenschalen und die Skelette dreier Steinseeigel auflesen; diese, ein gewaltiger Pinienzapfen und ein Stück Korkeichenrinde sind meine ganzen Souvenirs.

Gegen Abend wird es immer stürmischer. Dicke Wolken verhängen den Mond. Nebel kommt auf. Um 18.30 Uhr ist es stockfinster. Das Meer wogt grauschwarz und rauscht beängstigend. Nebelschwaden wallen über die einsame Bucht. Jetzt allein da hinaus? Ich mixe einen Grog – und streiche den Nachttauchgang.

Die Tage schwinden dahin wie die Francs im Portemonnaie. Unversehens geht beides zu Ende. Der vorletzte Morgen dämmert herauf. Er verspricht noch einmal schönes Wetter. Auch das Frühstück gelingt vorzüglich und erreicht die Güte eines Imbisses am heimischen Bahnhofskiosk. Schwierigkeiten bereiten lediglich die Fotografierversuche in der Brandungszone. Nach einigen Minuten bin ich es leid, Spielball der Wellen zu sein, und schwimme in tieferes Wasser. Wieder ein herrlicher Tauchgang am Pfeiler. Noch einmal bestaune ich den schönen Bewuchs, genieße die scheinbare Schwerelosigkeit, das Gleiten über Blockgründe und Seegraswiesen, folge Brassenschwärmen. Im Seegras entdecke ich eine faustgroße Purpurschnecke. Die Purpurschnecke und die verwandte Brandhornschnecke waren die wichtigsten Murex-Arten, die vor dem Chemiezeitalter für die Gewinnung des begehrten Purpurs gesammelt wurden. Die Färber benötigten riesige Mengen: für einen einzigen Mantel immerhin etwa 12 000 Schnecken! Ein Lippfischporträt gelingt. Und dann entdecke ich noch ein Tier, nach dem ich bisher vergeblich Ausschau hielt: die Schraubensabelle, den größten Röhrenwurm des Mittelmeeres. Die Wohnröhre steht aufrecht wie ein Schlot in einer Spalte. Ich kann dadurch schlecht fotografieren. Immerhin bleibt die Freude, eine der eigentlich – oder einst – häufigen Sabellen in der Natur gesehen zu haben.

Der letzte Tag. Ich frühstücke in Ruhe, als begännen gerade die Ferien. Ich schaue auf die blaue See und denke an all die Erlebnisse und Eindrücke auf meinen Tauchgängen. Nein, das Mittelmeer ist noch nicht tot, wenigstens nicht vor Korsika und in etlichen anderen Regionen. Aber Tatsache ist, daß es schon viele Seegebiete mit hochgradigen Verschmutzungen gibt und dadurch einen Rückgang im Artenreichtum: Buchten, die im Sterben liegen; Meeresgründe, auf denen sich kaum noch ursprüngliches Leben regt. Wenn vor allem die Anliegerstaaten die Einleitung von Schadstoffen nicht drastisch vermindern, sind eines Tages meine Unterwasseraufnahmen nicht nur Erinnerungsfotos, sondern Dokumente ausgelöschter Lebensformen . . .

Den Gedanken – dagegen ist ja die heimatliche Ostsee der reinste Zoo! angesichts »leerer« Tauchgründe in der Bucht von Argentella – muß ich natürlich revidieren; würde man zum ersten Mal in die Ostsee hinausschwimmen mit einem Weitwinkelobjektiv für halbmetergroße Motive, was gäbe es da für Tiere zu fotografieren? Ich kenne die heimischen Regionen durch viele Exkursionen, weiß um die sandigen Gründe, die miesmuschelbewachsenen Steinblöcke, allerlei niedere Tiere und ein Dutzend Fischarten. Ich stelle mich bereits beim Einstieg auf dieses oder jenes Motiv ein.

Natürlich leben hier im Mittelmeer wesentlich mehr Arten, auch in Regionen, in denen auf den ersten Blick »nichts los« zu sein scheint. Die Natur läßt keine leidlich akzeptablen Lebensräume ungenutzt. Aber da die Flachküsten und Seegraswiesen wenig sichere Verstecke bieten, sind ihre Bewohner meist gut getarnt. Sie leben oft im Sand vergraben oder tragen wenigstens Sandfarben. Andere besitzen Färbungen des Seegrases – wie die Grüne Samtschnecke – oder ähneln gar – wie die Seenadeln – völlig der Gestalt dieser Pflanzen. Große auffällige Tiere bekommt man hier selten zu Gesicht. Erst mit wachsender Vertrautheit der spezifischen Fauna und ihrer verschiedenen Areale, nach einigen Dutzend Tauchgängen vor Korsika, Sardinien und Ibiza, hatten sich meine Sinne soweit geschärft, um auch in den vermeintlich trostlosen Unterwasserwüsten Leben zu entdecken. Der Reiz des Mittelmeeres beruht für Taucher weder auf dichtbesiedelten Korallenriffen noch auf Großfischen, sondern vor allem auf einer vielfältigen wirbellosen Tierwelt.

Ich verstaue Topf und Kocher in einer Gummischüssel und schiebe diese unter den Sitz. Also dann los. Ein letztes Mal durch Calvi. Im Supermarkt am nördlichen Stadtausgang kaufe ich eine neue Thermosflasche, korsischen Landwein und etwas Roquefort, einen würzigen korsischen Schafskäse. In Sachen Käse ist Korsika autark. Aber leider eben nur darin.

Nach L'Île Rousse biege ich auf die N 197 ab, um Bastia auf einer noch nicht gefahrenen Route zu erreichen. So kann ich noch neue Landschaftseindrücke gewinnen. Irgendwo in den Bergen habe ich Schwierigkeiten mit den Kreuzungen und Wegweisern. Einmal endet die Straße auf einem Feldweg, dann wieder auf einem gebäudeumstandenen winzigen Platz. Ich entscheide, ihn für einen Gutsinnenhof zu halten. Schließlich hilft mir ein alter Landpfarrer auf den richtigen Weg – und kommt gleich einige Kilometer bis zu seiner Kirche mit.

Am Nachmittag erreiche ich den Hafenvorplatz von Bastia. Fährtickets werden erst ab 19 Uhr verkauft. Also weiter die Straße an der Ostküste entlang in Richtung Norden. Vielleicht komme ich noch bis zum nördlichsten Zipfel Korsikas?

In der Nähe Bastias reiht sich Ort an Ort. Die Ufer sind dicht bebaut. Aber die Abstände zwischen den Dörfern werden größer, die Küstenlinien immer schroffer. Nach fast 40 Kilometern fahre ich in die letzte Siedlung der Ostküste: Macinaggio. Inzwischen hat sich der Himmel zugezogen. Der Wind fegt Gischt in den Jachthafen. Masten pendeln über grauem Wasser. Es ist wieder kalt, vielleicht noch zehn Grad Celsius. Auch an diesem Küstenabschnitt fällt mir der rasche Wechsel zwischen Idylle und Verfall auf. Wie überall sind die Gebäude nur selten weiß gekalkt. Die meisten Farbanstriche besitzen eine bräunliche, ocker- oder sandfarbene Tönung. Die Türen und Fensterrahmen sind gewöhnlich in einem noch dunkleren Braun lackiert. Ich fahre zurück nach Bastia, denn es ist zu spät und das Wetter zu unfreundlich für eine Wanderung nach Cap Corse, dem nördlichsten Punkt der Insel.

In Bastia schlendere ich vor dem Dunkelwerden durch die engen verwinkelten Gassen am Hafen. Eigentlich hätte ich mir noch gern das Palais des Gouverneurs angesehen, eine Zitadelle und als La Bastida Stadtkern des einstigen genuesischen Bastia. Es beherbergt unter anderem das Centre de Documentation d'Archéologie sous-marine, eine Ausstellung von Funden aus antiken Handelsschiffen. Taucher bargen sie aus dem Meer. Doch das Museum schließt um 17 Uhr. Im hinteren Innenhof steht der Turm des einst von Kommandant Lheminier befehligten französischen U-Bootes »Casabianca«. Kapitän und Boot spielten 1943 eine wichtige Rolle bei der Befreiung Korsikas. Wieder und hoffentlich zum letzten Mal in ihrer bewegten Geschichte erhoben sich die Korsen gegen die Besatzer und befreiten als die ersten in Europa ihre Heimat durch einen Volksaufstand.

Ich kaufe ein Billett für Passagier und Auto. Um 20 Uhr fahre ich den Wagen auf das Hafengelände. Anderthalb Stunden später legt das Fährschiff ab. Die Lichter Bastias versinken im Achterwasser. Mir ist beklommen zumute. Noch lange starre ich trotz schlechten Wetters in die schwarze unruhige See, in die Richtung der Insel. Au revoir, Korsika!?

Anderthalb Jahre später. Düstere Wolkenballen schieben sich unablässig über den Himmel. Die See schimmert graugrün und trägt weiße Schaumkronen. Gischt sprüht über die Uferklippen der Isola Cavalli, einer als Campingplatz eingerichteten Halbinsel ganz im Norden Sardiniens, und durchfeuchtet meine Sachen. Ich bin gerade angekommen. Vor mir liegen vier Wochen Tauchen und Fotografieren im Mittelmeer. Aber ich denke jetzt nicht an die Zwischenstation Rom, an die neunstündige Fährschiffsreise von Civitavecchia aus über das Meer, an die Busfahrt von Olbia nach Palau noch an die kommenden Tauchabenteuer in dem Seegebiet zwischen Sardinien und Korsika. Mein Blick gleitet immer wieder suchend über den Horizont.

Kurz vor Sonnenuntergang reißen die Schleier über der Kimm. In den Flammen gelbroten Abendlichts zacken plötzlich dunkelviolette Konturen in unerwarteter Schärfe den Himmel: Korsika! Und mit einem Mal ist alles wieder Gegenwart . . .

CYRNOS
corsica

Vorhergehende Seite:

1 Ankunft auf Korsika. Die Wagen rollen von der Fähre über die Bugrampe an Land

2 Küstenregion nördlich von Bastia

3 Napoleon, gekleidet als römischer Imperator, auf dem Platz Saint-Nicolas am neuen Hafen in Bastia

Nächste Seiten:

4 Blick von den Bergen auf das Mittelmeer

5 Patrimonio – ein Dorf auf dem Weg nach Saint-Florent – mit einer sehenswerten Kirche aus dem 16. Jahrhundert

6 Korsen in L'Île Rousse auf dem Platz Pascal Paoli beim Boule, einem französischen Nationalspiel

7 Unterwasserlandschaft vor Argentella

8 Ein »Sperrgürtel« aus Steinseeigeln (Paracentrotus lividus) und Schwarzen Seeigeln (Arbacia lixula)

9 Steinseeigel können sich in weichem Kalk- oder Sandstein halbkugelige Mulden nagen, daher auch der Name

10 Auf dem Grund vor Argentella: Tentakel der Wachsrose (Anemonia sulcata) und Violetter Seeigel (Sphaerechinus granularis)

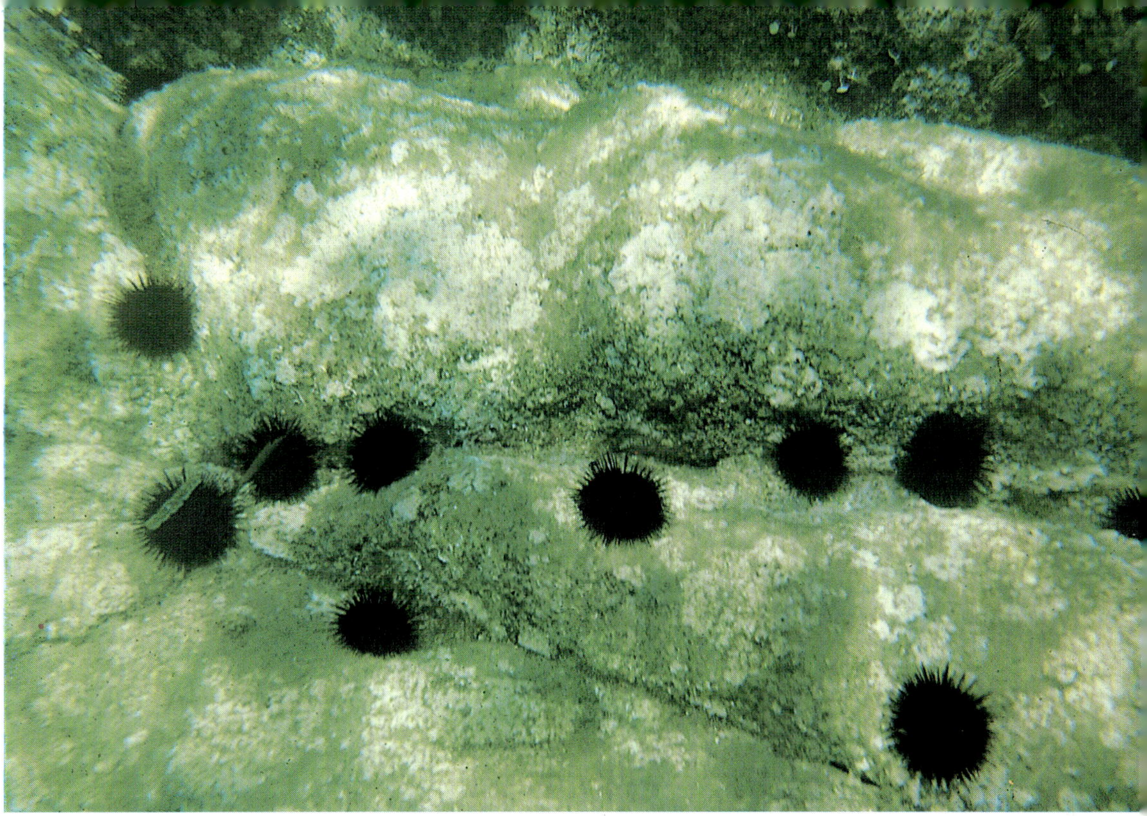

11 Siebanemone (Aiptasia mutabilis). Im Mittelmeer leben über 30 Arten von Seeanemonen, von denen die Wachsrose und die Purpurrose (Actinia equina) die häufigsten sind

12 Eine Goldrose (Condylactis aurantiaca). Ihr bis zu 40 cm hoher Körper ist meist tief eingegraben

13 Wachsrose mit über einen halben Meter langen Tentakel

14 Erst vor Ibiza entdecke ich unter den Wachsrosententakeln auch Streifengrundeln (Gobius bucchichii)

15 Eine der bekanntesten Symbiosen: Ein Einsiedlerkrebs (Pagurius) hat sein Schneckenhaus zum Schutz gegen Feinde mit Seeanemonen besetzt

16 Die Wohnröhre der Mittelmeer-Zylinderrose (Cerianthus membranaceus) ist bis zu 1 m lang und besteht aus mit Schleim verklebten Bodenteilchen. Sie ragt meist nur wenig aus dem Grund. Neben den Seeanemonen gehören zu den Sechsstrahligen Blumentieren auch die Ordnungen Zylinderrosen, Krustenanemonen und Steinkorallen

17 Schirmalgen (Acetabularia mediterranea) vor den Tentakeln einer Wachsrose. In der Jugend bestehen die Schirme aus einer einzigen Zelle; im reifen Zustand enthalten sie die Sporen zur Vermehrung

18 Die für das westliche Mittelmeer typische Ausbildung von Felsküsten und ihr Bewuchs in 2–4 m Tiefe

19 Die Grünalge Codium, etwa 25 cm hoch. Codium wächst vorzugsweise auf Hartgründen; die schlauchartigen Äste bestehen aus vielen miteinander verklebten einreihigen Zellfäden

Nächste Seiten:
20, 21 Campingplatz an der Bucht von Argentella

IM 22-59

22 Gewöhnliche Kraken (Octopus vulgaris) sind harmlose Gesellen

23 Um den Gewöhnlichen Kraken aus seiner Höhle zu locken, habe ich einige Steine vom Eingang weggeräumt. Meerjunker (Coris julis) stöbern hier nach freßbaren Teilchen

24 Ein stattlicher Krake von etwa 1 m Länge. Er hat die Färbung des Untergrundes angenommen

25 Ein Schwarm Brandbrassen (Oblata melanura) im Flachwasser

26 Gestreifter Schleimfisch (Blennius gattorugine), davor Pfennigalgen (Halimeda tuna)

27 Die gelegentlich anzutreffende Sepia (Sepia officinalis), eine 30–40 cm lange zehnarmige Tintenfischart, hält sich am liebsten auf Sand- und Geröllgrund auf oder in Seegraswiesen

28 Eine etwa 15 cm lange Zweibindenbrasse (Diplodus vulgaris)

29 Eine andere Schleimfischart, der etwa 6 cm lange quergestreifte Tripterygium nasus, an einer Felskante

30 Grundeln (Gobiidae) sind gewöhnlich träger als Schleimfische. Sie verharren meist regungslos

Nächste Seiten:

31 Der Langstachlige Seeigel (Centrostephanus longispinus) ist gelegentlich in Tiefen ab 10 m zu finden und mit äußerster Vorsicht zu behandeln. Seine bis zu 16 cm langen Stacheln sind giftig

32 Im Mittelmeer leben mindestens zwei Haarsternarten; dieser hier, der Antedon mediterranea, klettert über Trugkorallen (Myriapora truncata), also Moostierchenkolonien

33 Eine Seewalze (Holothuria), auch Seegurke genannt

34 Schlangensterne (Ophiuroidea) verbergen sich im Flachwasser tagsüber unter Steinen. Sie haben von der rundlichen Körperscheibe deutlich abgesetzte dünne Arme

35 Eisseestern (Marthasterias glacialis) auf Nahrungssuche. Muscheln sind bevorzugte Nahrung

36 Der Purpurstern (Echinaster sepositus) bei einem im freien Wasser selten fotografierten Vorgang: der Abgabe von Sperma. Seesterne sind meist getrenntgeschlechtlich.
Nach 20 Tagen entsteht aus dem befruchteten Ei über ein Larvenstadium ein neuer Seestern

Nächste Seiten:

37 Ein auf den Rükken gefallener Kammseestern (Astropecten) beginnt sich umzudrehen

38 Der Kleine Seestern (Hacelia attenuata), dem Purpurstern ähnlich, aber durch die getüpfelten Längsreihen und die spitz auslaufenden Arme leicht zu unterscheiden

39 Der Rote Seestern (Ophidiaster ophidianus) bevorzugt die wärmeren Seegebiete des Mittelmeeres

40 Seescheidenkolonie der Gattung Archidistomo

41 Zwei Meerjunker über einem Dornenstern (Cosinasterias tenuispina). Der Dornenstern kann sich ungeschlechtlich durch Querteilung vermehren.
Er hat meist 7 Arme, aber auch 6 bis 10, während Seesterne überwiegend 5 Arme haben

42 Mönchsfische (Chromis chromis) umschwärmen die Taucher

43 Seescheiden der Art Aplidium conicum. Jedes der 15–20 cm hohen Gebilde ist eine Kolonie von vielen Einzeltierchen

44 Die stark bewachsene, eßbare Seescheide Microcosmus sulcatus

Nächste Seiten:

45 Saint-Florent, ein Badeort am gleichnamigen Golf. Einst wollte Napoleon hier die neue Hauptstadt Korsikas errichten

46 Typisch für die Westküste Korsikas sind die unzugänglichen Steilküsten

47 Ein Lippfischmännchen, das frisches Wasser über seine Nestmulde fächelt. Viele Lippfische (Labridae) betreiben Brutpflege

48 Der 15–25 cm lange Schermesserfisch (Xyrichthys novacula) lebt auf Sand- und Schlammgründen, in die er sich gern eingräbt

49 Sturm fegt die See hoch auf die Felsen. Unter diesen Bedingungen ist Tauchen unmöglich

Nächste Seiten:

50 Calvi. Am Fuße der Zitadelle der Salzturm

51 Die Hafenpromenade

52 Calvi-Bateaux, ein Wassersportgeschäft, für mich hier das wichtigste Geschäft

BI 180085

LE PIANO BAR
IM 22-59

CALVI - BATEAUX
Plongée SHIPCHANDLER Location

53 Eine der Meerbrassen (Sparidae) und zwei Meerjunker. Die Meerjunker sind ständig unterwegs auf Nahrungssuche

54 Sie sind die häufigsten Lippfische des Mittelmeeres

55 Die Gestreifte Meerbarbe (Mullus surmuletus) bevorzugt als Lebensraum Sandflächen im Felslitoral. Die roten Flecken signalisieren Erregung

56 Lippfische suchen gern in Seegraswiesen Nahrung und Schutz

57 Mittelmeer-Lippfisch (Crenilobrus mediterraneus)

58, 59 Der Braune Zackenbarsch (Epinephelus guaza) kann bis zu 1,4 m lang werden, der Sägebarsch (Serranus cabrilla) bis zu 25 cm

60 In Höhlen und Spalten leben die bis zu 24 cm langen Roten Fahnenbarsche (Anthias anthias). Sie sollen schon in geringen Tiefen vorkommen; ich sah sie aber erst jenseits von 20 m Tiefe

61 Der Kleine rote Drachenkopf (Scorpaena ustulata)

62 Der Braune Drachenkopf (Scorpaena porcus) lebt ebenfalls in diesem Areal und ist durch seine gute Tarnung leicht zu übersehen

63 Von den vier mediterranen Drachenfischarten ist das Gewöhnliche Petermännchen (Trachinus draco) der häufigste Vertreter

64 Der Große rote Drachenkopf (Scorpaena scrofa), auch Meersau genannt, wird bis zu 0,5 m lang. Er hat auf der Rückenflosse giftige Stacheln

Nächste Seiten:
65, 66 Gelegentlich führt die Küstenstraße kilometerweit landeinwärts über alte Steinbrücken und wieder zurück ans Meer

67 Galeria am gleichnamigen Golf

68 Vom Aussichtspunkt Col de Vergio hat man einen wundervollen Blick auf die Almlandschaft der Niolo

69 In 1000 m Höhe. Im Hintergrund liegt das Monte-Cinto-Massiv

70 Blattzweig-Moostierchen (Pentapora fascialis). Moostierchen sind stockbildende Kranzfühler mit kalkigem oder hornigem Gehäuse. Um die Mundöffnung der mikroskopisch kleinen Einzeltiere sitzt ein Kranz bewimperter Tentakel

71 Auch die Trugkoralle mit ihren bis zu 10 cm langen hohen Stöcken ist eine Moostierchenkolonie

72 Zu den schönsten Moostierchen gehören die tüllartig durchbrochenen Schleiermoostierchen (Sertellidae)

73 Eine Leopardenschnecke (Peltodoris atromaculata). Die meist nur wenige Zentimeter großen Nacktschnecken besitzen oft schöne Farben und Formen

74 Die Rückenanhänge der Fadenschnecken (Facelina) sind Kiemenpapillen

75 Auch diese gehört zu den Fadenschnecken

76 Jeder Tauchgang erlaubt neue Entdeckungen, vor allem im Nahbereich

77 Ein Schwarm Seriolafische (Serida dumerili), die zu den Stachelmakrelen (Carangidae) gehören, schwimmt direkt auf mich zu. Die einen halben Meter langen Tiere umkreisen mich einige Male im Abstand von kaum zwei Metern

78 Nacktschnecken der Gattung Chromodoris

79 Der Kiemenkranz am hinteren Ende des Tieres ist einziehbar

Nächste Seiten:
80 Der südlichste Punkt Korsikas – und damit Frankreichs – ist die Boje Lavezzi Sued

81, 82 Eine Gruppe von Tauchern landet auf Lavezzi zum Anlegen der Taucherausrüstung. Kurze Beratung über den Kurs zum Tauchgebiet

F 312
CONGER

Spirotechnique

83 Die scheinbare Schwerelosigkeit erlaubt unter Wasser skurile Bewegungen

84 In Tiefen ab 20 m wächst die Mittelmeer-Korkkoralle (Alcyonium), eine der fünf mediterranen Lederkorallenarten

85 Das wandelnde Algenbündel ist eine maskierte Krabbe

86 Wir gelangen in das Reich der Hornkorallen; oben ein Mönchsfisch, darunter ein Meerjunker

Nächste Seiten:
87 Eine noch lebende Gestreckte Gorgonie (Eunicella singularis). Diese Art ist an den fast parallel verlaufenden Ästen zu erkennen

88 Seescheidenkolonie vor den Ästen eines Gorgonienstocks

89 Eine Schwarze Seegurke (Holothuria forskåli) zwischen den abgestorbenen Ästen der Gestreckten Gorgonie

90 Erst vor Ibiza in Tiefen zwischen 40 und 45 m konnte ich lebende Edelkorallen (Corallium rubrum) fofografieren

91 Die Hornkorallenfächer stehen gewöhnlich quer zur Richtung der häufigsten Wasserbewegung, um möglichst viel planktische Nahrung aufzufangen

92 Am Felsen eine Gelbe Gorgonie (Eunicella cavolinii), davor ein Meerjunker

93 Äste der Gelben Gorgonie, im Vordergrund mit Polypen besetzt

94 Violette Gorgonie (Paramuricea chamaeleon)

95 Gestreifter Zackenbarsch (Plectropoma fasciatus)

Nächste Seiten: *96*, *97* Steilküste aus Kalkstein vor Bonifacio, auf der die Altstadt ruht

98 In den engen Gassen der Altstadt

99 Jachthafen von Bonifacio, darüber erhebt sich die Zitadelle

Nächste Seiten:
100 Mannigfaltiger Bewuchs: Wohnröhren Seßhafter Borstenwürmer, Schwämme, Solitärkorallenskelette und Grünalgen

101 Die exakte Artenbestimmung der Schwämme ist oft wegen ihrer variablen äußeren Gestalt und der vielen Farbabweichungen nur nach der Form der Skelettnadeln möglich. Aber um die Skelettnadelform zu ermitteln, muß man sie unter dem Mikroskop untersuchen

102 Grotten und Höhlen sind vielfältig bewachsen

103 Eine Steckmuschel (Pinna) – endlich am Golf von Porto entdeckt

104 Geweihschwämme (Haliclona oculata). Schwämme bestimmen mit ihren oft schönen Farben das Bild des Bewuchses auf harten Untergründen

105 Der Gitterkalkschwamm (Clatherina coriacea) besteht aus einem Gewirr weicher, durchscheinender Röhren, die netzartig miteinander verbunden sind. Seine Größe beträgt 5 bis 10 cm, er lebt in Tiefen ab 15 m

106 Leuchtend hebt sich dieser Schwamm von dem ihn umgebenden »Gestrüpp« der Grünalge Codium dichotomum ab

107 Die bis zu 2 cm hohe Gelbe Nelkenkoralle (Leptosammia pruvoti), eine stets solitär lebende Steinkorallenart

108 Kleine Solitärkorallen von 1–2 cm Durchmesser sind hier in Höhlen und unter Überhängen schon in geringen Tiefen zu finden

109 Rote und blaue Schwämme, Grün-, Rot- und Braunalgen sowie Krustenanemonen

110 Die Rasenkoralle (Cladocora caespitosa) bildet flächige Polster. Ringsum Pfennigalgen und Ballalgen (Codium bursa); links oben ein Seeigel

111 Gelbe Krustenanemonen (Parazoanthus axinellae), darüber der Schwamm Spirastrella cunctatrix mit seinem typischen Adergeflecht

112, 113 Die Gelben Krustenanemonen wachsen vorzugsweise auf Schwämmen und bilden leuchtend gelbe Flächen aus zahlreichen Polypen, die etwa 1 cm groß sind

114 Ein Freilebender Borstenwurm von etwa 50 cm Länge

Nächste Seiten:
115 Ein Purpurstern wandert über Krustenanemonen und Moostierchen auf der Suche nach Nahrung

116 Das Fotografieren und Filmen unter Wasser gehört zu den beliebtesten Beschäftigungen der Sporttaucher

117 Eine Schraubensabelle (Spirographis spallanzani), mit 20–35 cm Körperlänge der größte Röhrenwurm des Mittelmeeres

118 Zwischen Schwämmen die nach Nahrung fischenden Tentakel einer anderen Röhrenwurmart

119 Dieser Röhrenwurm besitzt zwei Tentakelkronen

120 Ein Seßhafter Borstenwurm am »Pfeilerfelsen« im Golf von Porto

121 Purpursee-scheiden (Halocynthia papillosa) und Seßhafte Borstenwürmer besiedeln oft den gleichen Lebensraum

122 Blutroter Röhrenwurm (Protula intestinum). Deutlich ist der konische Zapfen bei diesem Kalkröhrenwurm zum Verschluß der Wohnröhre zu erkennen

Nächste Seiten:

123 Manche Sedentaria leben fast verborgen und lassen nur ihre klebrigen Tentakel zum Beutefang außerhalb der Wohnröhre umherstreifen

124 Schönheiten der Tiefe: ein Röhrenwurm. Im Hintergrund eine Gelbe Nelkenkoralle

125 Dunstschleier über der Westküste

126 Der Golf von Porto im Licht des späten Nachmittags

127, *128* Nach dem Tauchen werden die Gerätschaften in einem kleinen Bach ausgespült und zum Trocknen aufgehängt

129 Eine der malerischen Buchten am Golf von Porto

Nächste Seiten:
130 Das Bergdorf Ota in dem wundervollen Tal Gorges de Spelunca

131 Die Strandzone Portos: Marine de Porto mit einem genuesischen Wachturm

132 Ein etwa 0,5 m langer Meeraal (Conger conger) im Flachwasser vor Sardinien

133 Erst die Gegenüberstellung von Taucher und Steckmuschel läßt die erstaunliche Größe dieser Art deutlich werden. Die Gewöhnliche Steckmuschel Pinna squamosa, etwa 90 cm lang

134 Aus einer Rasenkorallenkolonie (Cladocora caespitosa) ragt das aufgerissene Maul einer Muräne (Muraena helena)

135 Das Langschnauzige Seepferdchen (Hippocampus guttulatus guttulatus) – Bewohner der Seegraswiesen. Die Bruttasche ist durch die Zersetzung abgestorbener Junge aufgeplatzt

136 Plattfische leben auf lockeren Böden, in die sie sich eingraben können. Nicht nur ihre Körperform ist angepaßt, sie nehmen auch perfekt die Färbung ihrer Umgebung an

137 Meersalat (Ulva lactuca), eine eßbare Grünalgenart

138 Ein Korkschwamm (Suberites domuncula). In dessen Innenraum siedelt häufig ein Krebs

139 Purpurschnecke (Murex trunculus) in einer Seegraswiese

140 Zweibindenbrassen gehören zu den häufigsten Bewohnern des Mittelmeeres. Ihr Lebensraum sind Blockgründe, gekennzeichnet durch große Steinblöcke

141 Mir blieben nur etwa 20 Sekunden Zeit für dieses Foto, ehe sich die Purpurrose – gestört vom Licht des Scheinwerfers – zu schließen begann

142 Unter den Tentakeln der Wurzelmundqualle (Rhizostoma pulmo) halten sich oft kleine Bastardmakrelen (Trachurus trachurus) auf

143 Die bekannte Ohrenqualle (Aurelia aurita) lebt in verschiedenen Meeren. Sie ist aber ein typischer Vertreter der atlantischen Fauna

144 Leuchtqualle (Pelagia noctiluca). Sie ist mit 7 cm Durchmesser die kleinste aber am stärksten nesselnde Qualle der hier vorgestellten Arten

145 Knollenqualle (Cotylorhiza tuberculata). Quallen sind Tiere des freien Wassers; ein Absinken auf den Grund bedeutet fast immer den Tod

Nächste Seiten:
146 Viele der sakralen Bauwerke auf Korsika beeindrucken weniger durch ihre Architektur als durch ihre herrliche Lage

147 Im Landesinnern sieht man oft verlassene Häuser

148 Naturpark im Tal des Fango

152 Einsiedlerkrebs in einem Schneckengehäuse. Der Untergrund ist mit Braunalgen bewachsen

153 Die Artenbestimmung der Krebse ist oft recht schwierig, etwa wie bei diesem Krebs

154 Tagsüber leben die Langusten (Palinurus vulgaris) in Spalten verborgen; sie sind deshalb nur schwer zu fotografieren

Nächste Seiten:
155 Etwa 30 cm lange Gelbstriemen (Boops boops)

156 Mönchsfisch unter einer mit Schwämmen bewachsenen Felskante

157 Die Purpurschnecke ist eine der drei Purpur produzierenden Schneckenarten

158 Manche Schnekken legen ihren Laich in schön geschwungenen Bändern ab

159 Der in Höhlen und unter Überhängen lebende Meerbarbenkönig (Apogon imberbis) bewahrt den Laich bis zum Schlüpfen der Jungen im Maul auf

Nächste Seite:
160 Eine leuchtend orange gefärbte Moostierchenkolonie

Der große BLV

Hunderassen-Führer